SHODENSHA SHINSHO

世界を動かした日本の銀

磯田道史、近藤誠一、伊藤　謙ほか

祥伝社新書

本書は、２０２２年2月19日に開催された、国際日本文化研究センター共同研究会「世界遺産〝石見銀山遺跡とその文化的景観〟——歴史文化資源の探求と活用」における講演を加筆・修正し、新たに「はじめに」と「おわりに」を加えて、書籍化したものです。

はじめに――今の日本の課題がここにある

磯田道史

本書は、石見銀山「を」書いた本ではありません。石見銀山「で」、今を生きるわれわれにとって大事なヒントを得られるようにした本です。

ですから、テーマが島根県の石見銀山だからといって、けっして、小さな話をするものではありません。むしろ、石見銀山を入口にすると、日本の歴史だけでなく、世界の経済の成り立ちの秘密などが塩梅よく浮かび上がってくるので、話の切り口を、石見銀山にしたのです。石見銀山は言ってみれば、日本経済の歩みの縮図です。ここに着目すると、今の日本の課題も見えてきます。戦国史から見てもおもしろく、毛利元就、豊臣秀吉、徳川家康といった武将たちのお金や懐具合の裏を覗けます。私は、『武士の家計簿』（新潮新書）という本を書いたこともあり、日本経済の歴史も勉強してきました。

日本はG7のメンバーですが、どうして先進7カ国の一角を占めることができたのでしょうか。最近は、経済史の研究が進んで、奈良時代の日本のGDP（国内総生産）が推計でき、しかも、同じ時代の世界中の国々と比較できるようになってきました。奈良時代の日本は、世界のなかでもっとも貧しい国だったようです。ところが、20世紀末から21世紀初頭には経済大国になったのです。

その最初のきっかけは、どうやら貨幣や貴金属にあるようです。日本は火山が多く、温泉もありますが、同時に、嫌な地震もあります。地下で鉱物が熱せられやすい島国ですから、金や銀が生じます。われわれホモサピエンスが「価値あり」と見なす物質、つまり貴金属が地球のなかでもふんだんにある場所となりました。

これが、日本列島に住む人々の経済的な運命を変えました。いや、日本だけでなく、世界中の経済に影響を与えたのです。なかでも、石見銀山の影響は大きなものでした。ですから、日本や世界経済の成り立ちを考えるには、この石見銀山を話題にして語っていけば非常によくわかるのです。本書を手に取られたみなさんは、どうして日本がこのような国になったのかを、学校の教科書では教わらないリアルな数字から知ることになるでしょう。

言うまでもなく、石見銀山は今では「世界遺産」です。世界経済を動かした鉱山ですから、世界遺産の登録は当然です。しかし、この銀山はエジプトのピラミッドのように、巨大さから誰でも価値がわかる、わかりやすい遺産ではありません。鉱山ですから、まったく説明がなければ、人によっては「山に穿（うが）たれたただの穴」と言われかねません。世界遺産になるには、その価値を世界に説明する必要がありました。

本書では、まさに、その交渉にあたった当時のユネスコ大使・近藤誠一（こんどうせいいち）さん（元文化庁長官）が、「世界遺産登録の舞台裏」を明かしています。世界遺産は「全人類共通の遺産」の「顕著な普遍的価値」を理解し、守っていく制度です。この石見銀山の全人類共通の価値とは何かを近藤さんは訴えました。この銀山が世界の銀生産の3分の1を占めるようになったのも、全人類にとって大事ですが、それだけでは世界遺産になるには弱いのです。

世界遺産の登録に事実上の落選をしたこともあります。石見銀山のすばらしさとして、近藤さんたちが訴えたのは、この銀山が「環境保全」をしながら、運営されていた事実でした。日本列島は森や木の文化です。石見では、植林がなされながら、灰吹法（はいふきほう）（詳しくは本文でご説明します）で銀が精錬されていました。現在も、当時の木造建築の銀山集落が遺（のこ）されています。環境への配慮の仕組みがあって、持続可能な形で維持されてきたのです。この点が主張され、国際機関で評価されて世界遺産に登録されていった経緯が語られます。

本書で近藤さんは、人類がなぜ環境を破壊し続けるのか、いっぽうで人類は破壊からなぜ環境を守れるのか、大切でとても本質的な議論を展開しています。結局のところ、人類は欲望のコントロールは可能なのか、という話になり、人間の脳のニューロンの発達や性質にまで話題がおよび、石見銀山を素材に、人類の性質とは何かが語られています。

また、長年、石見銀山を地元で研究してきた仲野義文(なかのよしふみ)さんは、この銀山の経営や採掘技術の実態について詳細に論じています。銀山には謎がありますし、戦国大名が争奪を繰り広げてもいます。銀が海外へ、どのように輸出されたのかも明らかにされます。ポルトガル人がこの銀山に来ていて、ベルギーのアントワープで1595年に作られた地図にも石見のそばに「銀鉱山」と記されているそうで、銀山のグローバルな姿が示されています。

本書は、国際日本文化研究センターで行われた「本草学(ほんぞうがく)」の共同研究会の活動がもとになっています。この研究会では、大阪大学総合学術博物館の伊藤謙(いとうけん)さんと、私が共同代表者でした。これに参加した石橋隆(いしばしたかし)さんは、日本有数の岩石鉱物を肉眼で見分ける達人ですが、彼が石見銀山に遺されていた日本最古級の「江戸時代の鉱石標本」について語ります。鉱山としての石見銀山は鉱物学的にどのような山であるのか、銀の品位はどれぐらいなのかなど、今のように掘り尽くされる前の銀山の様子がわかる話をしています。

このように、本書は、経済史、国際外交、環境問題、鉱物学、教育学、本草学など、国際的・学際的な視点から石見銀山を見て、人類そのものの歴史を考えるものです。さらには、世界遺産になった銀山を文化観光や教育にどのように生かすのか、東京大学未来ビジョン研究センターの福本理恵(ふくもとりえ)さんに加わっていただき、論じました。経済的繁栄から衰退へ、人口の急増と急減、そして環境問題や過疎への対応、われわれの課題の多くは「石見銀山の歴史」に詰まっています。

驚くべきことに、「マスクの着用」も、この銀山と深いかかわりがあります。幕末にこの銀山で日本初の近代的マスクが開発され、着用が始まったとされるからです。小さな本ですが、この本から得られる知識や視点は広く大きなものになるように設計しています。この本から、読者のみなさまが「知的発想の銀鉱石」を掘り出していただければ幸いです。

目次

第二章 世界遺産登録の舞台裏（近藤誠一）

第三章 石見銀山の歴史的価値（仲野義文）

第四章 江戸時代の鉱石標本の発見（石橋 隆）

第五章 座談会・次世代に残すために

（磯田道史、近藤誠一、伊藤 謙、仲野義文、石橋 隆、福本理恵）

本文デザイン　盛川和洋
本文ＤＴＰ　キャップス
図表作成　篠　宏行

第一章

世界を動かした日本の銀

磯田道史

伊藤　「石見銀山遺跡とその文化的景観」はＵＮＥＳＣＯ（国際連合教育科学文化機関）の世界遺産に２００７年に登録され、２０２２年で15周年を迎えました。今回、それを記念しまして、国際日本文化研究センターが共同研究会（シンポジウム）を開催しました。そのテーマは「世界遺産〝石見銀山遺跡とその文化的景観〟――歴史文化資源の探求と活用」です。まずは、磯田道史先生からご講演いただきます。

福本　磯田道史先生の経歴をご紹介させていただきます。磯田先生は１９９４年に慶應義塾大学文学部史学科を卒業後、同大学大学院文学研究科を修了されました。専門は日本近世史にて、「近世大名家臣団の社会構造」（文春学藝ライブラリー）で博士（史学）の学位を取得されております。茨城大学人文学部准教授、静岡文化芸術大学文化政策学部教授を経て、現在は国際日本文化研究センターの教授を務められております。ご著書も『武士の家計簿』、『感染症の日本史』（文春新書）、『日本史を暴く』（中公新書）など多数ございます。また、ＮＨＫ ＢＳプレミアム「英雄たちの選択」などの歴史番組にも出演され、わかりやすい解説は好評を得られております。それでは磯田先生、よろしくお願いいたします。

人類史から見た石見銀山

磯田　「世界を動かした日本の銀」と題して、石見銀山が人類史に与えた影響の大きさを語ることにいたしましょう。われわれの予想以上に、日本の石見銀山は世界史に影響しています。近年、世界経済史の分野は進歩が著しいのです。古代から近代まで、長期にわたって、世界経済の姿を数量的に復元する研究さえも登場しています。

たとえば、現在と比較して、1000年前のGDPはどれくらいの規模か、数百年前に貨幣がどれくらいその国に存在したか、これが具体的に数値でもって示される、精密な数量経済史の研究が現れるようになりました。しかも、日本だけ、中国だけ、インドだけ、というふうに、地域別でなされるのではなく、近年、地域ごとの成果が統合されてきました。グローバルに観て、相互のつながりを明らかにする数量的研究が増え、精密化してまいりました。一国の経済は貿易で他国の経済とつながっているのですから、研究の方向は、当然、そうならなければなりません。

ここでは、最近の世界経済史の研究成果をもとに、数量的なエビデンス（証拠）を示しながら、石見銀山の銀の産出がどのように人類史に影響を与えたかについて迫っていきたいと思います。

私の著書に、『武士の家計簿』があります。120万石の前田家の経理業務に携わってきた猪山家の文書（出納帳）から、幕末から明治にかけての武士の生活を読み解いたものです。今回の講演も、同様に具体的な数値から実相を明らかにしていこうと思います。ここでお話しするのは、言うなれば〝石見銀山の人類史的家計簿〟となりましょう。

石見銀山の代表的な先行研究を紹介します。まず、小葉田淳 京都帝国大学名誉教授の貨幣史・鉱山史があります。『日本鉱山史の研究』『続日本鉱山史の研究』（共に岩波書店）のなかで石見銀山を研究されています。また、村上直 法政大学名教授らは、幕府と鉱山のかかわりについて調べておられます。大久保長安の研究など、徳川の鉱山を取り仕切った人間の歴史が中心です。『江戸幕府石見銀山史料』（雄山閣）など、基礎史料も紹介されています。

さらに、このあとに登壇される仲野義文先生は、『銀山社会の解明』（清文堂出版）など、この銀山について地の利を生かした非常に緻密な研究をされています。銀の産出量の表などを示されていますから、この報告では、これら先行研究の書籍や各種史料を引用させていただき、論を進めてまいります。

1000年前のGDPを比較すると

さかのぼって、古代から話を始めます。約1300年前の話からです。現在、わが国はG7の一角を担い、世界第3位の経済大国と言われますが、奈良時代（710～784年）は世界の最貧国のひとつであったとされています。日本の奈良時代の1人あたりGDPは、400ドル（6万円）。これはイギリスの経済学者アンガス・マディソン（フローニンゲン大学名誉教授）が算出したものです。1990年のドル換算による購買力平価（ある商品が他国でいくらで買えるかを示す比率）で示しています。以下も同様です。

マディソンは紀元後の各国の経済規模の比較研究で知られますが、研究自体は完成途上で、現在もマディソンの推計を見直したり、修正したりしています。こうした古代からの長期経済統計の研究は、日本では高島正憲（たかしままさのり）関西学院大学准教授などが行っています。ここで議論の土台にするGDP数値はマディソン・高島両氏の研究によるものです。

では、時代が下った約1000年前に、世界でもっとも豊かだった地域はどこかと言うと、これは論なく中国の華南、つまり宋で、1人あたりGDPは1000ドルでした。他にはペルシア、現在のイラクが820ドル、エジプトとトルコが600ドルです。いかに中国が突出していたかがわかります。

ただ、宋の前の王朝、唐はここまで豊かではありませんでした。「唐宋変革」などと言われるように、中国社会は唐代と宋代で大きく変わり、生産力・経済力に大きな差が生じました。ちなみに、唐宋変革を提唱したのは大正時代の歴史学者・内藤湖南です。

宋代の生産力の増大はすさまじく、農業では灌漑を行い、土地に肥料を入れるようになりました。また北魏時代からあった農書『斉民要術』を出版することもしています。工業では、たとえば製鉄量などは大幅に増大しています。また、運河を造って流通を活発化し、貨幣経済化が進みました。国家が貨幣をどんどん造り、貨幣経済が浸透していく。もう経済爆発、貨幣爆発と言ってもいい状態です。

こうして、華南地域には、広い中国からあらゆる産品が集まるようになりました。日本の1人あたりGDPの約2倍になったわけですが、このあと中国では、この水準をなかなか超えられずに横這いが続きます。このことはのちの説明につながりますので、覚えておいてください。

平氏の経済力を支えた宋銭

宋における経済爆発・貨幣爆発の動きは、日本にも波としてやってきます。日本の１人あたりＧＤＰは当時６００ドル前後でしたから、宋の技術を導入して、最貧国からの脱出を図ろうとしました。しかし、気候の寒冷化などもあり、足踏み状態となります。

当時の宋の技術導入をわれわれがもっとも感じられる場所は、東大寺（現・奈良市）です。東大寺の有名な金剛力士像は運慶・快慶作ですけど、それが設置されている南大門などは宋の技術によるものです。南大門以外にも開山堂や、東大寺の播磨別所（別院）であった浄土寺浄土堂（兵庫県小野市）なども同様です。

図１－１（23ページ）は、西暦1年から１８７０年までの日本と中国のＧＤＰ（推計値）を並べたものです。約１９００年間にわたって桁が違っていますね。つまり約10倍の差があります。一番の要因は、日本と中国の人口差です。人口が大きい国は経済規模も大きい

傾向にあるからです。ですから中国で変化が起きると、日本に経済的な大波が来るのは前近代社会なら当然ですし、今後もそうなるでしょう。

ちなみに、図１－１にはありませんが、私が生まれた１９７０年から２０００年ぐらいまでの約30年間だけ、日本のＧＤＰは中国を上回っていました。日本が１人あたりＧＤＰで中国より10倍豊かだった「奇跡の30年」です。私の世代は、この奇跡の一世代です。対中関係を見る時、どうしても「日本は経済大国」とのバイアスをかけて考えがちです。超大国・中国の時代のほうがずっと長いのですから、自分は例外的な時代に生まれた、と自覚しようと思っています。現在の日本経済を、明治以後や第二次世界大戦後だけで短く見るか、長いスパンで見るかで、印象は大きく変わるのです。

さて、宋の経済力を利用して権力を確立した男がいます。みなさんご存じの平清盛です。清盛は、弟の頼盛が大宰大弐（大宰府の次官）として赴任したこともあり、博多（現・福岡市）や坊津（現・鹿児島県南さつま市）から明州（のちの寧波）まで船を出して日宋貿易を行います。

船は、厳島（現・広島県廿日市市）あたりでバンバン造りました。厳島付近は当時、日

図1-1 日本と中国のGDPの推移

	1年	1000年	1500年	1600年	1700年	1820年	1870年
日本	1,200	3,188	7,700	9,620	15,390	20,739	25,393
中国	26,820	26,550	61,800	96,000	82,800	228,600	189,740

※単位:100万ドル

（出所:アンガス・マディソン『世界経済史概観』）

本最大の造船所であり、遣唐使船なども造られています。広島県から愛媛県にかけての地域の造船力は他を圧していて、戦後も一時期は世界的な造船力を誇りました。なお、厳島神社を現在の姿にまで大造営したのは清盛です。その後、古くからの要港・大輪田泊（現・兵庫県神戸市）を拡張すると、ここが貿易の本拠地となりました。

輸出したのは刀剣や硫黄などですが、輸入は何と言っても銅銭（銅貨）です。宋では貨幣爆発により大量に鋳造していましたが、日本では平安時代で銅銭の鋳造を中止していました（次項で詳述）から、これは儲かります！

清盛は莫大な富を得ると、金品を後白河上皇などに献上するのです。朝廷の費用の多くを、平氏が賄うようになりました。平氏がパトロンだったわけです。当然ですが、清盛の官位はすさまじい勢いで上がっていきました。

当時の史料を読んでいて驚いたことがあります。京都の南側でニワトリが逃げて困るという訴えの史料です。平氏の一族がニワトリを大量に飼っていて、それが逃げ出したというのです。平氏は養鶏場を持っており、卵を取って食べていました。それだけ経済力があったわけです。平氏一門はもちろん、清盛と仲良くすれば、おいしくて栄養価も高い鶏卵が食べられる。これは、当時の朝廷や貴族にとっては魅力だったでしょう。

こうして平氏は栄えていくわけですが、その本質は海洋貿易貴族です。これは、源平合戦で屋島（現・香川県高松市）、壇の浦（現・山口県下関市）と海伝いに逃げていったことからも明らかです。西日本（西国）は中国の経済圏（貨幣圏）に入っていました。

この西日本の富に対して、平氏をやっつければそれが手に入る、平氏はそれほど強くないと見たのが、東日本（東国）に暮らす武装開発領主たちでした。彼らは源頼朝（源氏）を担ぎました。ですから、源平合戦とは、西国の海洋貿易貴族と東国の武装開発領主の戦いと見ることもできます。

銅貨から銀貨へ

律令制下、和同開珎をはじめとする銅銭が鋳造されました。いわゆる皇朝十二銭です。しかし、958（天徳2）年の乾元大宝以降、鋳造されなくなります。貨幣を発行しなくなったわけです。そして貨幣経済が進むなかで、中国から貨幣（銅銭）を輸入するようになりました。この状態は鎌倉、室町、安土・桃山時代を経て、江戸幕府が1636（寛永13）年に寛永通宝を造るまで続きました。

図1-2 日本における出土貨幣の割合

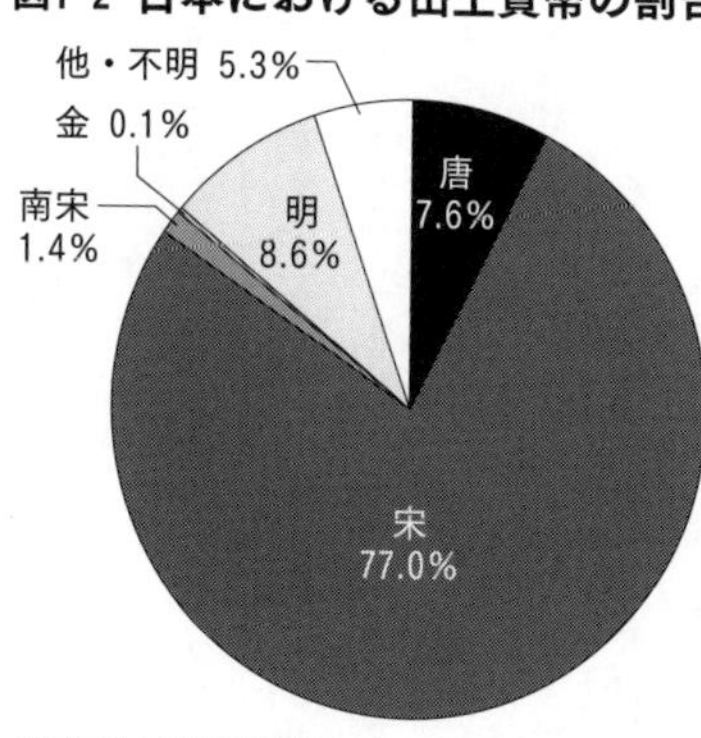

（出所：鈴木公雄「出土銭貨からみた中・近世移行期の鋳貨動態」『金融研究』17巻3号）

考古学者の鈴木公雄慶應義塾大学名誉教授は、中世から近世以降期の貨幣がどこから来たものかを調べています（図1－2）。

ちなみに、私は大学院生時代、鈴木教授の教えを受けたことがあります。それによると、宋が77・0％で圧倒的です。日本など東アジアの国々は、長らく、宋代にできたシステムや貨幣の土台の上に成立していた事実がよくわかります。この段階では中国をはじめ東アジアでは銅銭が主体であり、銀銭（銀貨）はメインではありません。

前述のように、清盛は宋から銅銭をどんどん輸入しましたが、清盛が亡くなり、平氏が源氏に替わっても、日本をはじめ東アジアにおける銅銭の流通は変わりませんでした。しかし、1271年に元が建国されると、大きな変化が生じます。元は世界帝国であり、ユーラシア大陸を舞台に侵攻、交易を行いました。しかし東アジア以外では、宋の銅銭は通用しません。そもそも銅銭は重くて、征服地などへの持ち運びが不便です。

元は、交鈔という紙幣を発行し、これをメインにしました。銅銭（元銭）も鋳造しましたが、記念硬貨的なもの以外はあまり造っていませんので、発行量は多くありません。

しかし、紙幣も銅銭も通用しない西方世界、すなわち中近東やヨーロッパとは、銀錠という銀貨で取引しました。なお、中国では昔から銀貨を銀錠と呼び、日本ではその形から馬蹄銀などと呼びました。元朝では、刻印された文字から元寳（元宝）と呼んでいます。元における納税は紙幣か銀でした。こうして、元の時代から銅銭より銀貨が重視されるようになっていくのです。

そうすると、宋の時代に造った銅銭が余ってきます。これが日元貿易、のちには日明貿易で、日本にどんどん入ってくるようになりました。この銅銭に代表される富を政権基盤にしたのが、室町幕府です。室町幕府の御料所（直轄地）は広くありません。農業生産による収入は少なかったわけで、これを補ったのが日明貿易だったのです。

室町幕府において貿易実務を担当したのが禅僧でした。禅僧は職業柄、漢詩・漢文が読めます。つまり漢字のリテラシーがあり、かつ計算もできたので、貿易にも重宝されました。こうして禅寺が繁栄していきます。禅寺を建て直す名目で銭などを積んでくる貿易船が出されました。京都の古い禅寺が豪華なのはこのためです。遣唐使は日本の律令国家が政府ぐるみ、官ぐるみで派遣しましたが、室町幕府の遣明使は違います。貿易の利益を求める禅僧と貿易商人や貿易大名が代行していました。そうやって、京都や博多の禅寺・商人、山口の大内氏などは、貿易で大儲けしていました。

中国では１３６８年、元から明に王朝が交替しました。明では当初、洪武通宝など銅銭を鋳造していましたが、商取引の活発化にともない、15世紀頃から銀貨が使用されるようになります。小銭の銅銭は交易に不便だからです。

こうして、明は通貨の軸足を銀貨に移していくのですが、もともと中国では銀の産出量が少なく、慢性的な銀不足に陥ります。銀の需要を賄うため、李氏朝鮮では端川銀山などが開発されますが、それでも足りません。銀が欲しい！　このようなタイミングで発見されたのが、石見銀山です。

石見銀山の発見

鎌倉時代まで、日本の銀の産出地はきわめて限られていました。小葉田淳京都帝国大学名誉教授によれば、13世紀までは対馬国（現・長崎県対馬市）が唯一の銀の産地だったそうです（『日本鉱山史の研究』）。大宰府を通じて朝廷に銀を献上したとの記録が残っています。

ところが、南北朝時代（1336～1392年）の頃から、伝承が登場し始めます。たとえば、『銀山旧記』のなかに「大いに粋銀を得、百済の軍兵に与へければ、蒙古、憤を宥悦ひ国へ帰りけり」という記述が出てきます。元寇の頃、産出した銀を元軍の百済兵に与えたら、元軍は喜んで帰っていった、というのです。ただ、『銀山旧記』は作者不詳なうえ、内容にもばらつきがあるので、これを鵜呑みにはできません。

石見銀山は１５２６（大永６）年に博多商人・神屋寿禎によって発見され、１５３３（天文２）年には銀の精錬法・灰吹法が伝わった、とされてきました。伝来については、中国（明）から、朝鮮（李氏朝鮮）から、の２説がありますが、近年は後者が有力なようです。このあたりの細かな年代の検討や最新研究、そして灰吹法については、第三章で仲野義文先生にご説明いただきます。

灰吹法とは簡単に言えば、採掘した銀鉱石から銀を取り出す（精錬）方法のひとつです。まず、銀と鉛を一緒に熱して合金を作ります。この合金と灰を一緒に熱すると、鉛は酸素と結合しやすいために重い酸化鉛となり、灰の下に沈み、軽い銀だけが上に残るという仕組みです。

このように、灰吹法は割と手軽ですので一気に普及しました。そして、天文年間（１５３２〜１５５５年）から爆発的な銀生産が始まります。中国の巨大な銀需要に応えることになっていくわけです。

中国の経済成長を支えた日本の銀

図1-3は16世紀から17世紀にかけての、世界における銀の動きを示したものです。1545年、スペインの植民地でポトシ銀山（現・ボリビアのポトシ市）が発見されると、南米・北米で銀山開発が進み、ヨーロッパに1万tを超える銀が運ばれました。

いっぽう、日本は4875tの銀を中国に輸出しています。日本、ポルトガル、メキシコ3国で比較した場合、日本が70・1％を占めています。もう圧倒的ですね。

このなかには生野銀山（現・兵庫県朝来市。開山16世紀、閉山1973年）など、さまざまな銀山が含まれていますが、石見銀山は大陸に近く、鞆ヶ浦（現・島根県大田市仁摩町）から博多に搬送したわけですから、石見銀山産出の銀がもっとも多かったでしょう。日本の銀、なかでも石見銀山が産出した銀が、中国の銀需要と銀本位制化を支えたことはまちがいありません。

佐渡（佐渡金山。現・新潟県の佐渡島。17世紀開山、1989年閉山）や伊豆（土肥金山［現・静岡県伊豆市。14世紀開山、1965年閉山］など）は金山です。

これを人類史の視点から見ましょう。18世紀後半に起こる産業革命以前のことです。ヨ

図1-3 1500〜1700年の銀輸送量

	南米・北米→ヨーロッパ
1500〜1600年	7,500
1601〜1700年	2,618
合計	10,118

	日本→中国	ポルトガル→中国	メキシコ→中国
1550〜1600年	1,280	380	584
1601〜1700年	3,595	148	964
合計	4,875	528	1,548

※単位：t

（出所：Morineau（1985）、Glahn（1996））

ーロッパの16〜18世紀は重商主義の時代と言われます。国富を増やすために、政府が積極的に貿易をしました。有利な商品を確保するために、産業も保護しています。この時代、貿易を行うには決済用の銀（銀貨）が大事になりました。

国内では流通が活発化します。貨幣経済化です。そうなると、交換手段がいっそう大事になります。貨幣が要ります。しかも、国を越えて価値が認められる貨幣です。それが西洋でも東洋でも銀貨だったわけです。

そこで、スペインが支配するポトシ銀山がヨーロッパの、日本の石見銀山が中国の、銀需要を賄いました。資本主義の根幹をなすのは貨幣であり、貨幣経済が浸透しなければ資本主義も成立しません。その意味で、ポトシ銀山も石見銀山も、世界遺産に選ばれるのは当然だと思

図1-4 各国・地域のGDPの推移(1500〜1820年)

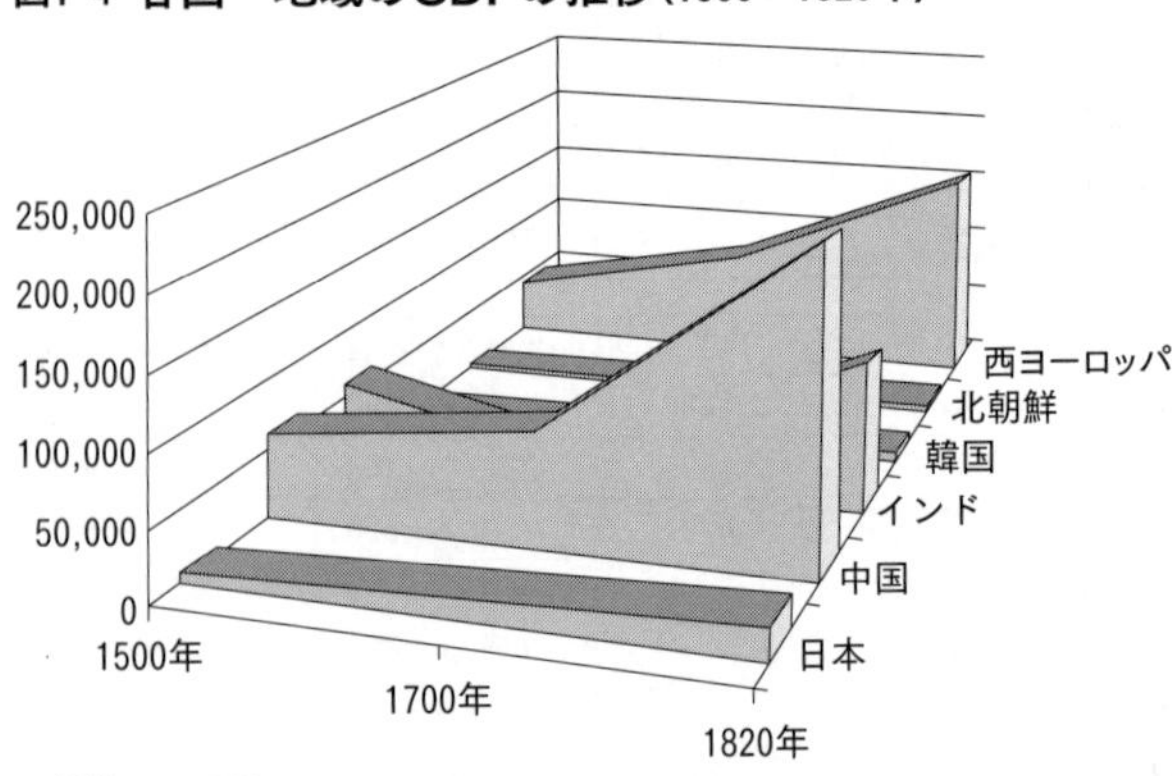

※単位:100万ドル

(アンガス・マディソン『世界経済史概観』のデータより磯田道史作成)

います。

図1－4は、1500年から1820年のGDPの推移です。1820年というと、日本では文政(ぶんせい)3年にあたります。

ヨーロッパも中国も、1700年頃から伸び率が大きくなっていることがわかります。一目瞭然です。中国のGDPはそれまで横這いだったのですが、日本から銀を輸入しながら、大きな経済成長を遂げたのです。江戸時代の前半までは、1人あたりGDPも中国のほうが日本よりも大きく、豊かでした。

では、1820年以降はどうか。図1－5は図1－4を戦後の1950年まで延(の)ばしたものです。

図1-5 各国・地域のGDPの推移(1500〜1950年)

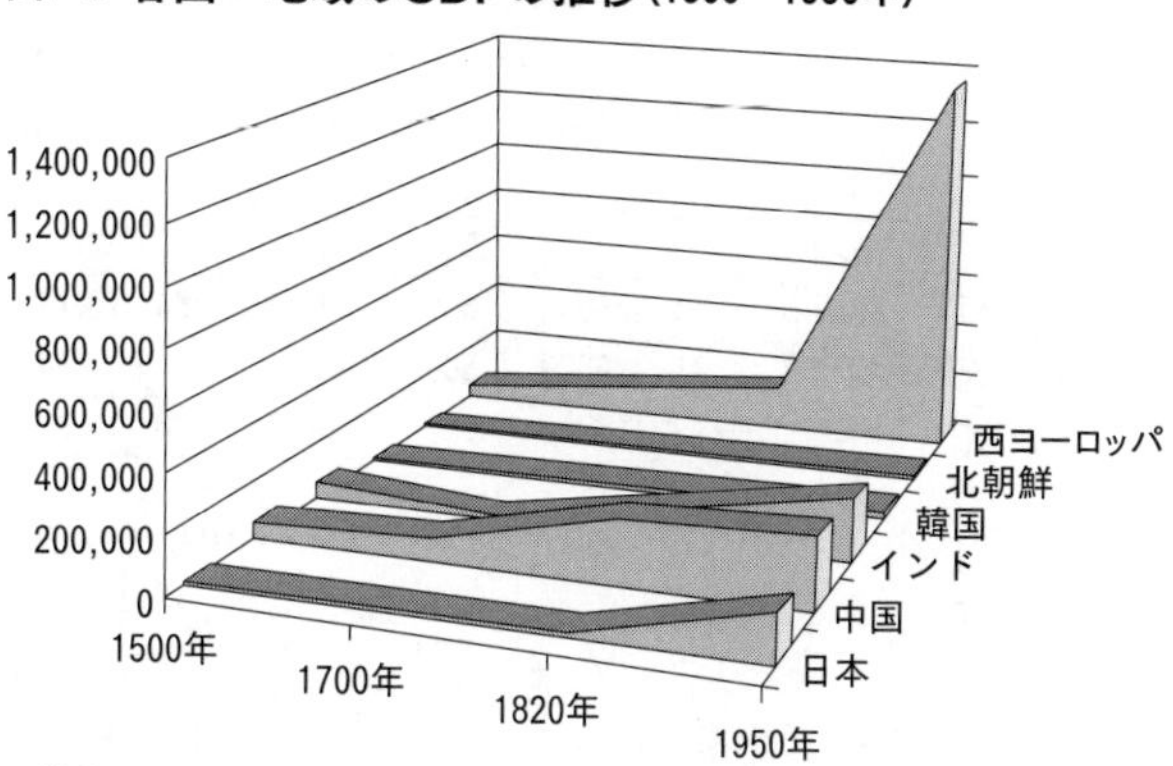

※単位:100万ドル

(アンガス・マディソン『世界経済史概観』のデータより磯田道史作成)

ヨーロッパが急激に伸びているのに対し、中国は1820年以降、ふたたび足踏み状態となります。これは清朝の頃ですが、ヨーロッパ列強が来て租借地を造ったり、アヘンなど不利な貿易を強いたりしていました。

日本が最貧国から抜け出せたのは銀のおかげ

図1－6（34ページ）は、1500年から2003年の1人あたりGDPの比較です。

1500年時点での日本はヨーロッパとの比較はもちろん、アジアのなかでも低く、貧しい国でした。しかし、1700年にインドを抜き、1820年には中国を抜いて、アジアでトップになります。

図1-6 各国・地域の１人あたりGDPの推移

	1500年	1700年	1820年	1950年	2003年
日本	500	570	669	1,921	21,218
中国	600	600	600	448	4,803
インド	550	550	533	619	2,160
韓国	600	600	600	854	15,732
北朝鮮	600	600	600	854	1,127
西ヨーロッパ	771	997	1,202	4,578	19,912

※単位：ドル

（出所：アンガス・マディソン『世界経済史概観』）

日本の最貧国からの抜け出しを支えたのが、ひとつには、石見銀山を主とする銀など貴金属の輸出でした。日本は１５００年から１７００年まで、ものすごい量の貴金属を輸出しました。これと、新田開発や民間の製造業の発達が相俟って、最貧国から抜け出たのです。

「他国から良質の製品を仕入れたい。貿易をしたい」と言っても、こちら側に交換できる産物がなければ、貿易は成立しません。反対決済ができないからです。日本では長らく、輸出品に恵まれませんでした。卑弥呼の時代には、「生口」といって人間（奴隷）を大陸の王朝に献じて金属器などを入手していたくらいです。戦国時代も人間（兵士）を輸出していました。あとは硫黄や刀剣です。刀は他国と比べて優位にありました。逆に言えば、刀剣以外に技術レベルが高いものが多くはなかったのです。

ところが16世紀、日本は金や銀という輸出産品を持ちました。これによって、貧しい国から脱皮することに成功したのです。

輸出によって得られた富、特に繊維製品が、国内にもたらされました。そして新田開発なども行われ、食糧の増産に寄与しました。銀は輸出するだけではなく、国内にも流通しましたから、貨幣経済化が進みました。貨幣経済が進むと識字率（しきじりつ）が上昇します。物々交換だったら、文字を読めなくても何とかなります。しかし、貨幣経済とはお金を使う経済ですから、必然的に計算をともないます。また文字がわからないと値札も読めません。

〝字を知らないと損をする〟社会体制ができたわけです。そこから、どんどん識字率が上がっていきます。江戸時代の終わりには、中国や朝鮮よりも、ずっと日本民衆の成人識字率は高くなっていました。特に、女性の識字率の高さは東アジアで特筆すべきものです。漢字だけでなく、簡単な、ひらがながあったのも、有利に働きました。中国からは絹織物、書籍などを輸入しました。書籍によって知識や技術が蓄積されていきます。

識字率が上がり、勉強が尊（とうと）ばれ、また新田開発に代表されるように、農業生産を上げることが奨励され、勤勉が美徳とされました。こうして、江戸時代に日本は経済成長していったのです。

図1-7 日本の経済指標の推移

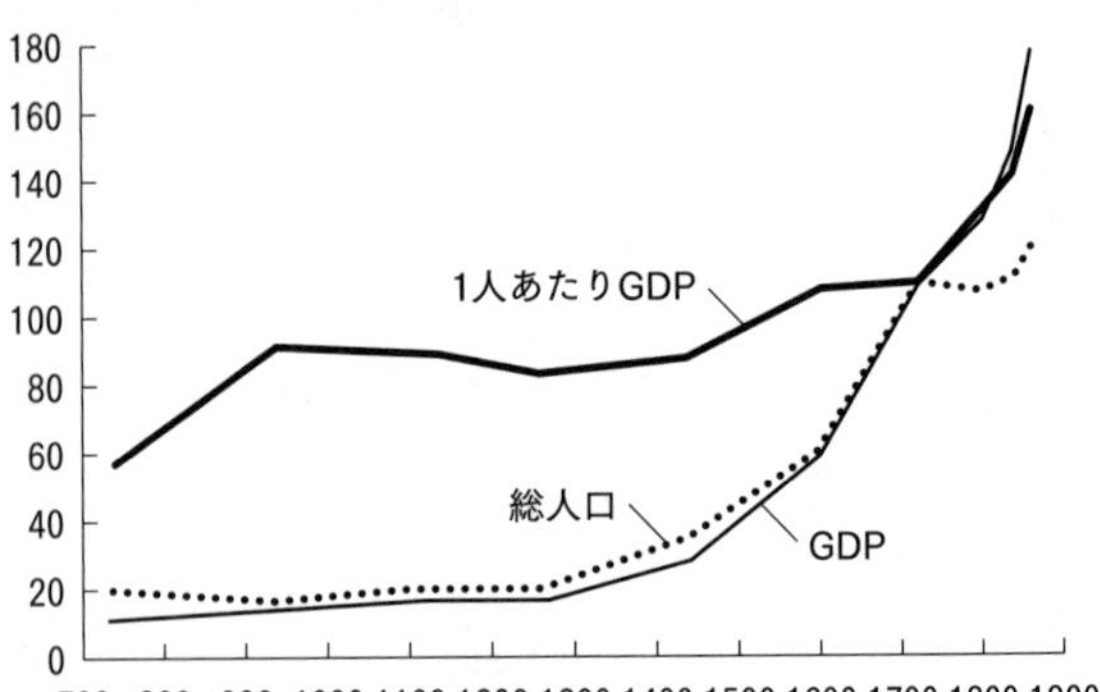

※1721年を100とした時の値、期間：730～1874年

（出所：高島正憲『経済成長の日本史』）

図１－７は７３０年から１８７４年の、日本の１人あたりＧＤＰを総人口やＧＤＰと共に示したものです。９００年くらいまで、ＧＤＰは緩やかに上昇し、１人あたりＧＤＰも上昇しています。おそらく、田など耕作面積が増えたことで経済成長していったのでしょう。渡来人（とらいじん）や大陸からの技術導入も寄与したかもしれません。

ところが９５０年から１３００年まで、ＧＤＰも１人あたりＧＤＰもほとんど変わっていません。ここから、宋の経済爆発は日本には届いていなかった。さほど影響をおよぼさなかったと見る向きもあります。

そこで、１４５０年から１６００年のところを見てください。ＧＤＰも１人あたりＧＤＰも、ここが変曲点になって急速に上がっています。これは、まさに中国に貴金属を輸出していた頃です。つまり、日本経済を石見銀山が引っ張った、石見銀山が日本の経済大国化の発火点となった。そう言えるわけです。もちろん、石見銀山のせいだけではありませんが、このあと述べるように、石見銀山のシェアは大きなものでした。

公害と環境破壊

さきほど私は、ポトシ銀山も石見銀山も世界遺産に選ばれるのは当然だと述べましたが、世界遺産の負の側面についても触れておきたいと思います。

世界規模で見ると、バイエルン公国のアウクスブルク（現・ドイツのバイエルン州）の銀山で産出した銀は、15世紀末から16世紀にかけての重商主義を支えました。しかし16世紀末には、南米・北米から銀が大量にもたらされたことや資源枯渇により、衰退します。

その後、ポトシ銀山と石見銀山が世界の銀需要を支えるようになりましたが、２つの銀山は精錬法が異なります。石見銀山は前述のように灰吹法ですが、ポトシ銀山は水銀アマルガム法です。水銀アマルガム法は、銀を水銀との合金であるアマルガムにしてから水銀を蒸発させて銀を取り出すのですが、水銀蒸気を吸う作業者などに深刻な健康被害をもたらします。

また、鉱山からの排水が周囲の環境を破壊しました。さらに、水銀アマルガム法は木材を大量に使用するため、大規模な森林伐採が行われ、こちらも環境破壊につながりました。

スペイン人たちがポトシ銀山を「セロ・リコ（富の山）」と呼んだように、周囲からは銀以外にも鉛、銅、スズなどが産出しました。しかし、その標高は４８００ｍ、市街地のポトシですら４０００ｍと、富士山の山頂より高いのです。この高度で採掘し、運搬したわけですから、その作業は過酷を通り越すもので、人間業ではありません。一説には、水銀被害も含めて約８００万人が亡くなったと言われています。

対して、石見銀山は標高が低いのです。また灰吹法は鉛を使用します。もちろん、鉛はまったく無害というわけではありませんが、熱しても気体になる量はさほどでもないですし、水銀に比べれば弱毒です。それでも、資源の枯渇によって坑道が深くなると、鉱山労働者に健康被害が生じて寿命が短くなったということが、史料に出てきます。そこで幕末になると、鉱山用のマスクが開発されるのですが、これはのちほどお話しします。

ですから、世界遺産に登録された場合は、単なる遺跡・遺物としてとらえるのではなく、普遍的な生命尊重、人間意思の尊重などの視点から人類史上の意義を考えていく姿勢が重要です。そこにナショナリズムが絡(から)んできますから、今日(こんにち)の世界遺産の指定は複雑な問題を抱えていると思います。

石見銀山を押さえた者が覇者となる

ここからは、石見銀山の歴史的概要について述べていきます。石見銀山が発見された頃は戦国時代真っ盛りで、戦国大名が石見銀山を支配しました。大きく分けて大内氏、尼子(あまこ)氏、毛利氏の順です。

戦国大名は合戦をしますが、その軍資金は鉱山収入が原資になっている実例が多いのです。たとえば武田信玄(たけだしんげん)は、黒川(くろかわ)金山（現・山梨県甲州(こうしゅう)市）などから産出する金を軍資金に充(あ)てました。では、石見銀山ではどれくらいかというと、大内氏には年に銀100枚、灰吹法の導入後は500枚ほど納められていました。枚数ということは、運上(うんじょう)（税）として取っていたのでしょう。なお、戦国期の金銀換算値として、金・銀1枚＝10両、金1枚＝銀10枚＝40石に設定します（牧原成征「日本の近世化と土地・商業・軍事」）。

大内氏はその後、小笠原氏に石見銀山を奪われますが、すぐに奪い返します。しかし、尼子氏に奪われてしまいます。みな石見銀山を狙っているわけです。1551（天文20）年に大内義隆を滅ぼした陶晴賢は、石見銀山の支配権を握りますが、1555（弘治元）年、毛利元就に厳島の戦いで敗れ、滅亡しました。

元就は晴賢を破ると、真っ先に石見銀山を占領に行くと、支配下に置きました。毛利家の史料『老翁物語』には、「石見銀山やまふきの城へ芸州より（中略）両人を城番に置かれ候」とあります。石見銀山防衛のために造られた山吹城（現・島根県大田市）に2人の人間を代理として送ったというのです。それだけ、石見銀山を重視しました。

石見銀山で中国地方の覇者となった男こそ、毛利元就です。こうして話していると、何でも石見銀山によるものに思えて、まるで石見銀山史観みたいですが、嘘でも誇張でもありません。たとえば、私の故郷の岡山県には同時期、宇喜多直家という、すばしっこくて頭のキレる戦国大名がいましたが、金山・銀山を持っていませんでした。そのため、毛利氏が逸早く銀山を手に入れて、宇喜多のいる東へ押し出しくると、それへの対処に、苦慮しました。

『毛利家文書』には、「温泉銀山（石見銀山）御公領のこと、洞春様（元就）が仰せ付けらる如く、少しも自余の御用には仕らず、御弓矢（戦争）の御用になさるべく」と、元就が石見銀山の収入は軍資金専用にするよう遺言したことも記されています。

石見銀山こそ毛利軍の生命線だという事実は、子孫たちも理解していました。元就の孫である輝元は1581（天正9）年、吉川元春（元就の次男）が養子縁組をしようとした際に反対しているのですが、その理由は石見銀山です。『吉川家文書』から引用しましょう。

「銀山、正儀なく成り行き申すべく候。左候時は、弓矢も成り申すまじく候。なおもって、有かひなき我等にまかり成り、一身の無力までに候」。つまり――石見銀山は吉川の武力できっちり治めてもらわないと困る。銀山の利益がなくなったら戦争もできない。無力でだめな毛利家になってしまうよ――と言っているのです。

いかに毛利家にとって石見銀山が重要だったか、そして毛利の覇権は石見銀山の軍資金に支えられていたことがよくわかります。

ちなみに、毛利家は毎年、銀100枚を朝廷に献上していました（写真1－1）。そのことは、宮中の女官が記した『御湯殿上日記』には「あきのかね（安芸の銀）」として出てくることからも明らかです。

これは権威づけと同時に、本来、山海の産物は、天皇のものという王土王民思想が根底にあるからでしょう。この献上を通じて、毛利氏は天皇と特別な関係があるとの意識を何百年も持ち続けていました。このあたり、幕末に毛利氏が、天皇を押し立てて幕府を倒す動きを見せる背景とも無関係ではなかったと思われます。石見銀山の存在は、明治維新とも関連しているのです。

豊臣秀吉のピンハネ

毛利の石見銀山に目をつけたのが、豊臣秀吉です。秀吉は賤ヶ岳の戦いで柴田勝家を破った1583（天正11）年、毛利と講和を結ぶのですが、講和条件のひとつは「銀山御引渡」でした。石見銀山をよこせ、そこに利権を設定させろ、というわけです。

秀吉も、銀山は公儀のものであり、大名に預け置くという意識を持っていたようです（小葉田淳『日本鉱山史の研究』）。そして、他の戦国大名の領地にある鉱山などを太閤蔵入地（直轄地）に設定して一部を召し上げました。ただ、のちの家康よりはマイルドで、全部取るようなことはしませんでした。このゆるさ加減が、毛利氏がおとなしく豊臣政権に臣従した一因でもあるわけです。

では、どれだけ秀吉が石見の銀をピンハネしたかというと、たとえば１５９７（慶長２）年は銀49枚でした。ちなみに、直轄の生野銀山からは３万枚取っています。要するに、生野銀山が秀吉の軍資金です。

写真1-1 御取納丁銀

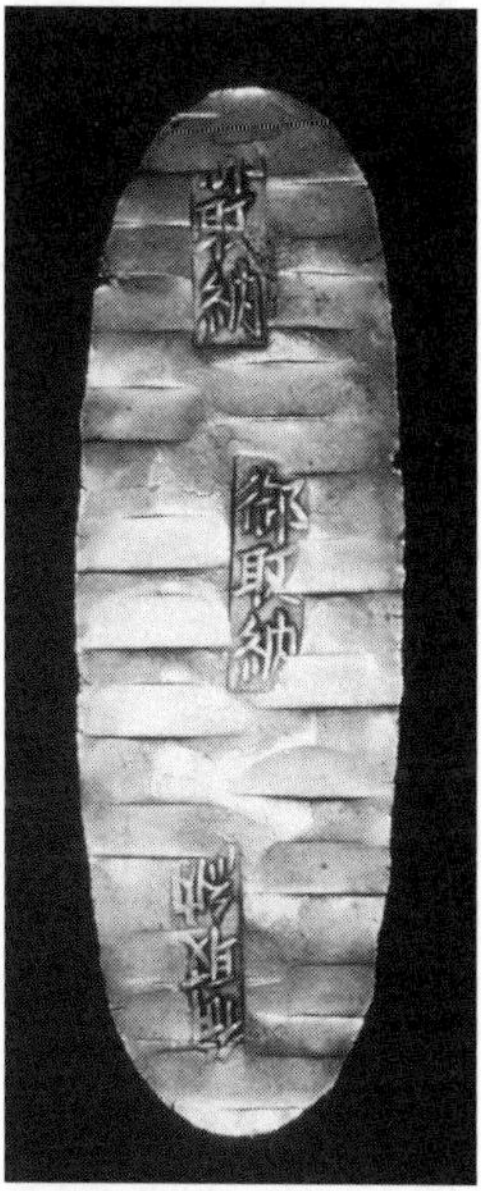

正親町天皇の即位に際して、毛利氏が献上したもの。「御取納」の刻印が見える

（島根県立古代出雲歴史博物館蔵）

いっぽう、ピンハネされた側の毛利輝元がどれだけ石見銀山から銀を得ていたかというと、１５９８（同３）年が２万

2000枚、1599（同4）年が3万枚、1600（同5）年に2万3000枚です。関ヶ原の戦いの前年となる1599年には、たくさん取っていますね。秀吉は朝鮮出兵において、毛利にも出陣を命じていますが、この軍費も石見銀山からの収入がなければ無理だったでしょう。

ここで、豊臣政権の財政構造を見ておきます。まず、蔵入地（領地）は約222万石あります。しかし、これは全部が秀吉の収入にはなりません。直臣の家臣団に与える兵糧米なども含まれるからです。実収で110万石、金にして110万両になります。

いっぽう、金山・銀山の運上は金3400枚弱（金3・4万両）、銀7万9415枚弱（金7・9万両）です。これは、そのまま秀吉（政権）のポケットに入りますから、ありがたいですね。この運上だけで十数万人を1年間養えます。まさにこれが、秀吉の権力の源泉です。この他に、貿易などの諸役運上があります。金1000枚（金1万両）、銀1万3950枚（金1・4万両）です（以上、「慶長三年蔵納目録」『大日本租税志』）。

ここから見ても、いかに鉱山収入が大きかったかがわかります。

徳川家康の狙い

豊臣秀吉が亡くなって2年後の1600（慶長5）年9月15日、関ヶ原の戦いが起こりました。徳川家康の東軍と石田三成ら西軍が戦った、天下分け目の戦いです。毛利家は西軍に属しましたが、当主の輝元は総大将として大坂城（現・大阪市）にいて戦場に出ていません。戦場には、元就の孫である毛利秀元と吉川広家が参陣しました。しかし、彼らは南宮山にいて矛を交えることなく、勝敗が決したあとに戦場を離脱しています。東軍とは、不戦を約束に内通していたのです。

結果はご存じの通り、東軍の勝利に終わるのですが、勝った家康が真っ先に行ったのが、石見銀山の確保です。前述のように、毛利元就が中国地方で覇を唱えることができたのは石見銀山がもたらす経済力によるところが大きく、家康はそのことを十分に理解していました。家康にすれば、石見銀山を抱えた大大名・毛利は〝目の上のたんこぶ〟なのです。だから一刻も早く、これを取り上げたかったのでしょう。毛利の「無害化」には、石見銀山の取り上げが絶対に必要です。

そこで家康は、石見地方に禁制（禁止事項を公示した文書）を出すのです。その日付が9

月25日ですから、関ヶ原の戦いからわずか10日後、しかもこの時の禁制は畿内以西では石見だけ、というのが、現時点での近世史の理解です。いかに家康が石見銀山を重視していたかがわかります。

禁制の内容はこうです。徳川から軍勢を出してこの地を守る、放火は禁止、銀山だけでなく田畑も同様としました。要するに、徳川保護領であることを宣言したわけです。

家康は石見銀山周辺の3～4万石を天領（直轄地）に設定し、大久保長安を派遣して管理させます。長安は武田遺臣、つまり信玄・勝頼の家臣でした。武田は領国内に金山を持っていましたが、長安はその開発や税務を担当していました。武田氏滅亡後、長安は家康のスカウトを受けて、徳川家の家臣になります。長安は石見に着任後、増産に励んでいます。家康の意向でしょう。

では、徳川家がどれくらい石見銀山から銀を得ていたか、具体的に見てみましょう。慶長期（1596～1615年）は年間1万貫ですから、37・5tにもなります。膨大です。ところが、1700年代の終わり頃には慶長期の1%、100貫にまで落ち込みます（仲野義文『銀山社会の解明』）。

図1-8 石見銀山における銀の産出量の推移

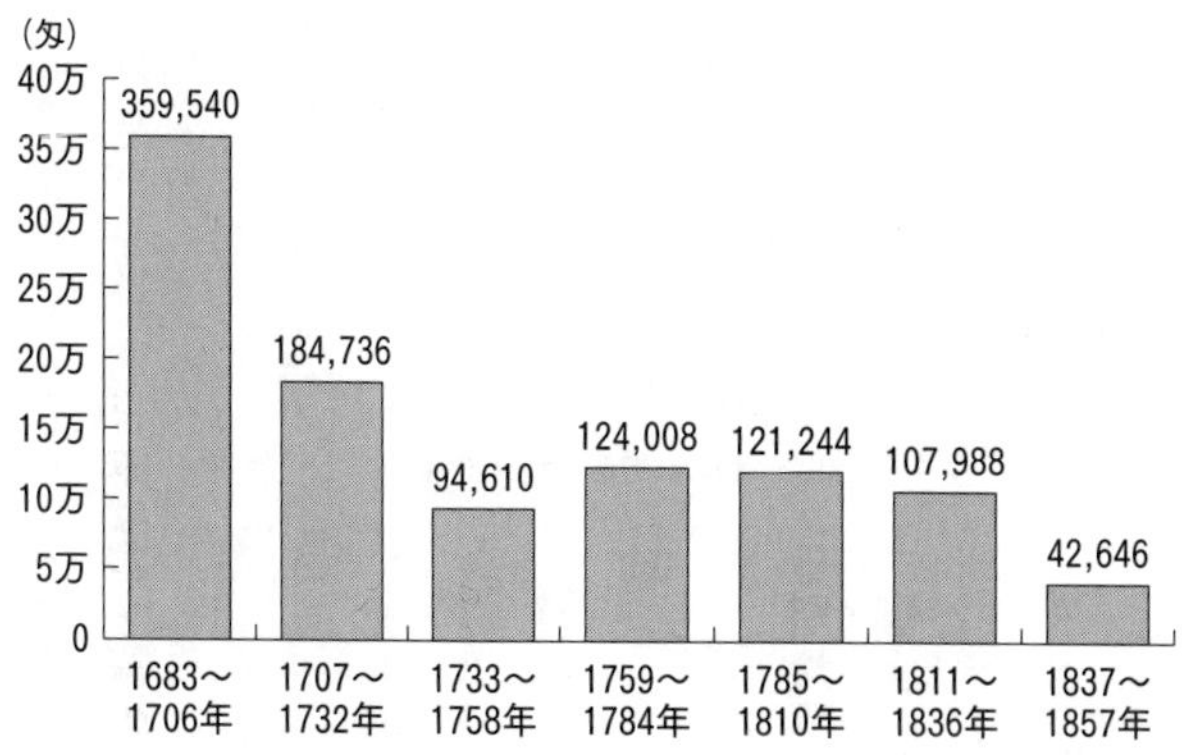

※1年あたりの灰吹銀の産出量

(出所：小葉田淳『日本鉱山史の研究』)

図1－8は、石見銀山における銀の産出量を20〜25年おきに比較したものです。やはり、江戸前期はかなり産出していて、1700年代からぐっと下がっています。関ヶ原の戦いのあとから江戸初期にかけての時期が最盛期だったのです。

鉱山は、最初のうちは地上および地上近くを採掘しますが、鉱量が枯渇してくると、深く掘るようになります。石見銀山も同様で、坑道がだんだん深くなり、銀の純度も落ちてきます。坑道が深く長くなれば空気は薄くなるし、地下水も多く湧いて出てきます。また鉱石の純度が低くなれば、灰吹法で焚く鉛の量も増えます。

こうして、鉱山労働者は過酷な労働条件下での作業を余儀なくされるようになりました。彼らは健康を害し、寿命が短くなったそうです。前述のように、日本は銀を輸出することで経済成長を成し遂げたわけですが、その裏に鉱山労働者たちの過酷な労働があった史実は知っておくべきでしょう。

いっぽう、灰吹法の浸透が示すように、短期間での技術習得も見逃せません。刀剣を見ても、冶金(やきん)を見ても、本草学を見てもそうですが、江戸人はテクニカルなものが得意で、技術を高めていくことに優れた資質を発揮します。このことも、銀の増産と輸出を支えた一因です。

図1-9 18世紀末の各国の貨幣量

	日本	中国（福建省）	朝鮮
1人あたり貨幣量（文）	6,948	3,354	600
鋳銭累計（万貫文）	2,426	1,480	800
金銀在高（万両）	2,925	1,066	
貨幣総量（万貫文）	21,234	4,635	960
人口（万人）	3,056	1,382	1,600

（出所：岩橋勝『近世貨幣と経済発展』）

貨幣量でわかる江戸社会

図1－9は、18世紀末の日本・中国（清朝福建省(ふっけんしょう)）・朝鮮（李氏朝鮮）における1人あたり貨幣量などを比較したものです。

日本の場合、寛永通宝などでしょうが、1人あたり6948枚も持っている勘定になります。福建省は3354枚、朝鮮は

図1-10 江戸後期の貨幣価値

	米(石)	金(両)	銀(匁)	銭(文)	現代感覚(賃金換算/円)	現在価値(米価換算/円)
米1石 =	1	0.9	67.5	5,670	270,000	50,000
金1両 =	1.1111	1	75	6,300	300,000	55,555
銀1匁 =	0.0148	0.0133	1	84	4,000	666
銭1文 =	0.0002	0.0002	0.0119	1	47.6	8.8

（出所：猪山家文書「入払帳」天保14年7月の両替データ）

600枚です。朝鮮は少ないですね。これだと、なかなか自然経済（交換手段に貨幣が媒介しない経済活動。物々交換）から抜け出しにくいのです。そのため、朝鮮は対馬藩（藩主・宗氏）を通じて、日本から銀や銅を輸入していました。代わりに、日本に輸出したのが朝鮮人参などです。

日本は東アジアでもっとも貨幣量が多かったわけで、江戸時代、一気に貨幣経済が進んだことがわかります。貨幣経済が進めば、商品経済が進みます。これは車の両輪みたいなもので、相乗作用で進んでいきます。日本が朝鮮や中国に比べて西洋型の近代経済に移行しやすかったのは、このように、江戸時代に貨幣経済化などの準備をすませていたからもあるのです。

私は『武士の家計簿』を書いた時に、1840年頃ですから、水野忠邦が天保の改革を始める前ぐらいの頃の貨幣を、現在の価値に換算してみたことがあります（図1－10）。

金1両は、現在の労働賃金で換算すると30万円くらいになりました。銀1匁は4000円くらい、1匁＝3・75gですから銀貨ですね。銭は1文が約50円。いわゆる三途の川の渡し賃は6文なので、300円ぐらい。二八蕎麦は800円でした。飢饉があった時代ですから、食料品は高めで労働賃金は低めです。

ただ、米価換算にすると米1石は5万円、金1両は5万5555円になります。労働賃金換算だと27万円、30万円ですから、開きがあります。この中間くらいがいいのかもしれません。

江戸社会を人口構成から見てみましょう。日本の人口は、室町時代末期に約1200万人でしたが、江戸時代中期には約3000万人まで増えます。明治初年頃は約3500万人ですから、中期以降は伸び率が鈍化しています。このことは、関山直太郎博士の『近世日本の人口構造』（吉川弘文館）や、私の先生にあたる歴史人口学の速水融慶應義塾大学名誉教授などが指摘しています。

図1－11は、明治3（1870）年の身分別の戸数をまとめたものです。大名や公家は0・005％なので、この表では0％にカウントされています。世襲・非世襲を合わせた

武士が6・1%、僧侶や神主が1・1%、平民が92・8%になります。この平民の上層部の識字率が高いことが、江戸社会の特徴です。

江戸時代の税制には、顕著な特徴がありました。1840年代の長州(ちょうしゅう)藩の租税負担率を調べた研究があるのですが、それによれば農業が28・6%、非農業が1・3%でした(穐本洋哉・西川俊作「19世紀中葉防長両国の農業生産関数」)。農業に不利で、商工業に有利なのです。農民は農作物を作っても作っても武士に持っていかれるけど、商人は商売をすればするほど儲かるのです。これは、もう商業優遇税制と言っていいでしょう。

社会保障がない時代なので、この範囲に収まっていますけれど、明治になると社会保障も防衛費も増大しますから、租税負担は増しました。だから、江戸時代は言われているほど重税ではなかったのです。もちろん、二毛作のできない東北などでは年貢は過酷でした。しかし、麦や菜種(なたね)

図1-11 明治3年における身分別戸数

	戸数(軒)	割合(%)
華族(大名、公家)	404	0.0
士族(徒士以上の世襲武士)	231,866	3.3
卒(足軽など非世襲武士)	194,538	2.8
社	44,953	0.6
寺	35,734	0.5
平民	6,551,426	92.8
合計	7,058,961	100.0

(出所:関山直太郎『日本の人口』)

図1-12　明治時代の非識字率

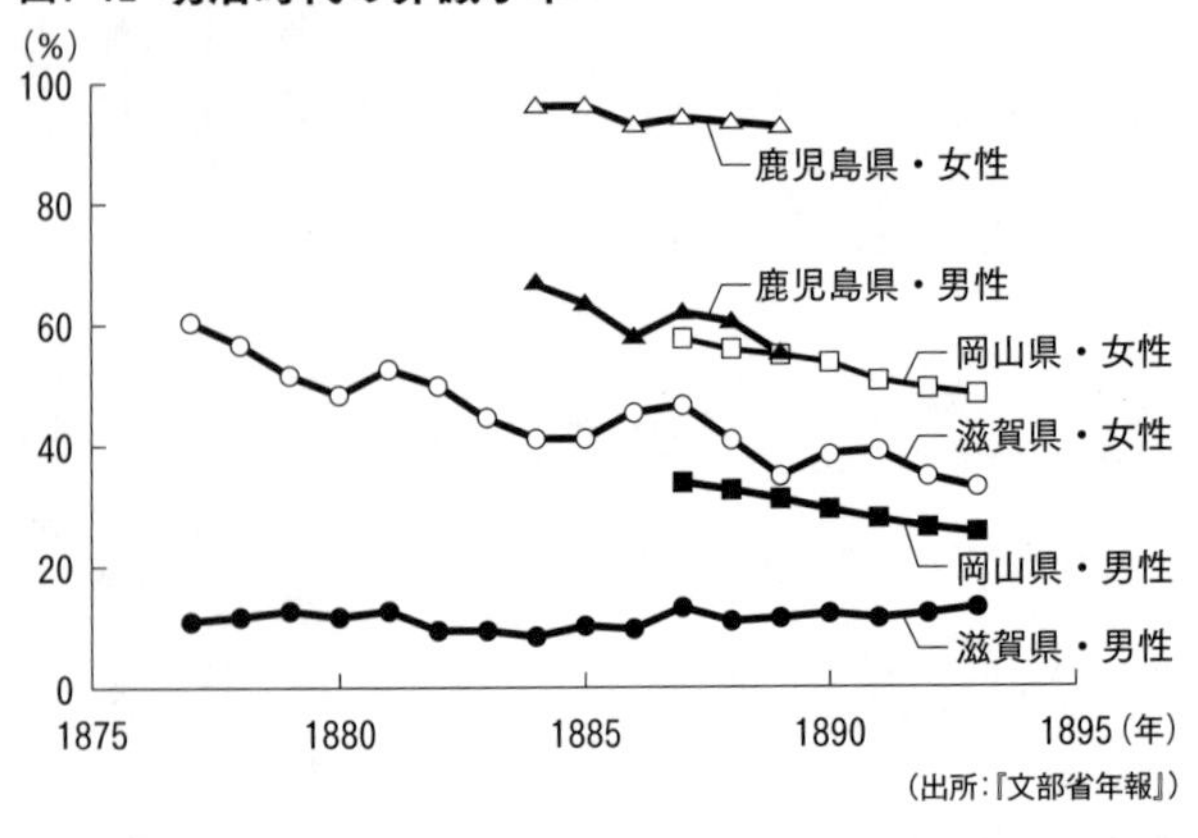

(出所:『文部省年報』)

など裏作は無税が基本で、西日本や九州では民間に富が蓄積されやすくなっていました。

識字率と経済成長の関係

儲かる商業に従事するには、文字を覚えて計算ができなければなりません。いわゆる読み・書き・算盤(そろばん)です。勉強が大事になってくるわけです。これは男性に限りません。女性も同様です。

こうして、庶民のための教育施設である寺子屋(てらこや)が作られるようになりました。それまで、子女の教育と言えば、武家や公家では家庭教師を召し抱えたり、裕福な家は子供を寺に何年も預けて生活費も含めて多額な寄進(きしん)をしたりしていました。後者は、源義経(よしつね)が牛若丸(うしわかまる)時代、鞍馬寺(くらまでら)(現・京都市)

図1-13 ヨーロッパ各地の識字率

スウェーデン	90％
プロセイン	80％
スコットランド	80％
イングランド	65～70％
フランス	55～60％
オーストリア=ハンガリー	55～60％
ベルギー	50～55％
イタリア	20～25％
スペイン	25％
帝政ロシア	5～10％

※1850年頃

（出所：C.M.Cipolla, *Literacy and Development in the West*, Londres, Penguin, 1969, p.115.）

に預けられていたことがよく知られています。

しかし、寺子屋は基本的に「通い」ですし、費用も安価になりました。ちなみに、寺子屋の教師に女性が多かったことは、浮世絵（うきよえ）からも明らかです。

庶民の間に教育が浸透すると、識字率が上昇していきました。図1－12は、明治時代の非識字率を示したものです。これによると、滋賀県の男性は1880年の段階で90％が文字を読めたことになります。いっぽう、岡山県の男性は70％（1890年）、鹿児島県の男性は45％（1889年）ですから、地域差も小さくないのです。滋賀県の識字率が高いのは、近江商人と関係があるかもしれません。商業の盛んな地域は、識字率が高くなる傾向にありますから。同じ滋賀県でも女性は50％（1880年）であり、男女差も顕著です。

ヨーロッパの識字率も見てみましょう。図1－13（53ページ）は、イタリアの経済学者カルロ・チポラによるものです。これを見ると、90％のスウェーデンを筆頭に、プロイセン、スコットランド、イングランドが65％以上です。いっぽう、イタリア、スペイン、ロシア（帝政ロシア）は低い。ロシアなんて5～10％です。

ここからわかることは、まずプロテスタント地域のほうがカトリック地域よりも識字率が高いことです。カトリックでは長らく、信者が『聖書』を読むことより聖職者の教えを聞くことを推奨しました。いっぽうプロテスタントは、儀式よりも『聖書』を読んでキリストの教えに触れることを重視しました。識字率の差が生じるのは当然ですね。

次に、独立自由農民が主となる西ヨーロッパが、農奴の多い東ヨーロッパよりも識字率が高いことです。農奴は雇い主から奴隷のように働かされますし、教育の機会がないわけですから、読み・書きができない人が多かったのです。

さらに、現在の先進国の多くは、近代の時点で識字率が高かったこともわかります。識字率が高い地

1963年	1980年
253	325
167	265
244	393
139	252
393	629
113	353
10	24
8	16
8	17

『世界システム』で作成）

図1-14 各国・地域の１人あたり工業生産の推移

	1750年	1800年	1860年	1913年	1928年	1953年
イギリス	10	16	64	115	122	210
フランス	9	9	20	59	78	90
ドイツ	8	8	15	85	101	138
ロシア	6	6	8	20	20	73
アメリカ	4	9	21	126	182	354
日本	7	7	7	20	30	40
中国	8	6	4	3	4	5
インド	7	6	3	2	3	5
第３世界	7	6	4	2	3	5

※1900年のイギリスを100とした時の値

（Bairoch（1982）をもとに田中明彦氏

域では、貨幣経済化が進みました。そして産業革命が起きて、生産活動の中心が農業から工業に移り、資本主義経済が発展していきました。

図１－14は、１人あたりの工業生産レベルを示したものです。18世紀にはそれほど差がなかったものが、幕末の１８６０年には、イギリスをはじめとする欧米とアジアでは大差がついています。こののち、欧米のうしろをついていけたのは日本だけです。

図１－15は、３地域におけるＧＤＰの世界シェ

図1-15 GDPの世界シェアの推移

	1820年	1973年	2030年
日本	3.0	7.8	3.6
中国	32.9	4.6	23.8
インド	16.0	3.1	10.4
西ヨーロッパ	23.0	25.6	13.0

※単位：％

（アンガス・マディソン『世界経済史概観』のデータより磯田道史作成）

アを示したものですが、20世紀だけインドと中国のシェアが低いことがわかります。両国は識字率が低かったために工業化に出遅れたのです。しかし21世紀以降、急速にキャッチアップしており、２０３０年には中国もインドも２００年前の水準に戻ることが予想されています。ロングスパンで経済を眺めると、現在の局面も理解しやすくなります。

日本最古のマスク

豊かさを実現した江戸後期、さまざまな消費がなされるようになり、伊勢神宮（現・三重県伊勢市）に参詣する伊勢参り、同神宮への集団参詣である御蔭参りが大流行しました。また、富裕な町人層を中心に、国学（日本の古典を研究して民族精神の究明に努めた学問）も広まります。

写真１－２は私が発見した江戸時代のマスクで、伊勢参りの戯作本『滑稽教訓 御影参』三編上之巻の広告欄に、「御鼻袋」として掲載されていたものです。著者は、戯作者の暁鐘成門人・山川澄成と記されています。刊行は文政（１８１８～１８３０年）末とされていますから、現時点では日本最初のマスク広告になります。

宣伝文句には、「鼻のくちへ御あてなされ、両方の紐を耳へ御かけなされ候へば、美香をかぎて、あしき臭を除、御身の御養生に相成」とあります。この文章と写真からわかるように、覆っているのは鼻だけで、口は覆っていません。臭気を防ぐことが目的であって、粉塵などが口に入ることを想定したものではないからです。

鐘成はなかなかのやり手で、心斎橋（現・大阪市）に公家の御殿のような店を開くと、

写真1-2 江戸時代のマスク

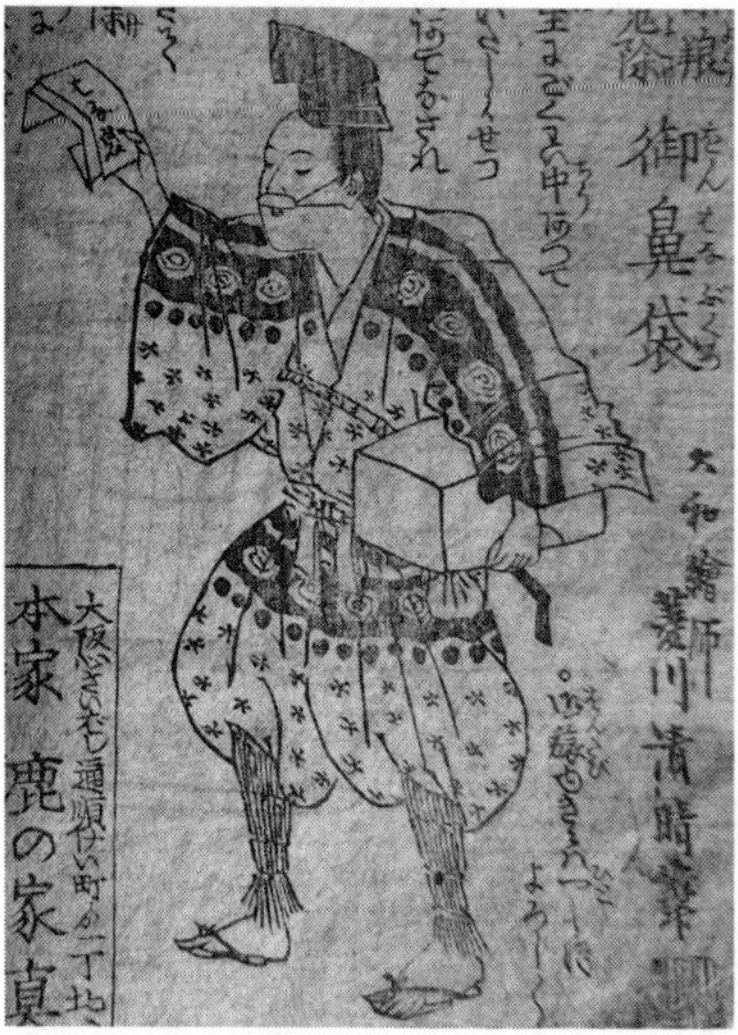

『滑稽教訓 御影参』より　（磯田道史蔵）

東大寺や法隆寺（現・奈良県生駒郡斑鳩町）などの器物のレプリカ、皇室御用達と称した調度類などを販売していました。このマスクも売られていたでしょう。しかし、天保の改革で「贅沢である」として、店は潰されてしまいました。

その後、鐘成は福知山（現・京

都府福知山市）に旅行した際、農民に頼まれて領主への請願書を執筆したために一揆の主謀者とまちがわれ、牢屋に入れられます。釈放後ほどなく死去。68歳でした。

写真1－3は「福面」と呼ばれる、石見銀山の鉱山労働者向けに作られたマスクです。今日のマスクに近いものとしては最古だと思います。

作ったのは、笠岡（現・岡山県笠岡市）の医師・宮太柱です。鉱山病対策を依頼された太柱は石見に赴くと、1855（安政2）年から1858（同5）年にかけて調査を行い、「済生卑言」という報告書をまとめています。

鉱山病とは、具体的には塵肺（粉塵を長期間吸入することで肺機能が低下する病気）などですから、鼻だけでなく口も覆う必要があります。福面は、針金の枠に絵絹（糸密度が均整で平均し緻密に織られた平織の絹織物）を縫いつけて、表面に柿渋を塗っています。内側には、梅肉を挟むことが推奨されています。「済生卑言」には、梅肉の酸が粉塵を付着するのを防ぎ、呼吸を楽にすると記されています。このように、粉塵から口と鼻を徹底的にガードしていることがわかります。

太柱は代々、医師の家系に生まれ、蘭学の知識も豊富でした。この蘭学の知識が福面の作成などに役に立ったものと思われます。いっぽう「医業の暇に専ら古道を講ず」（三宅武彦『宮太柱伝』）とあるように、国学を教えたりしていたようです。

写真1-3 福面

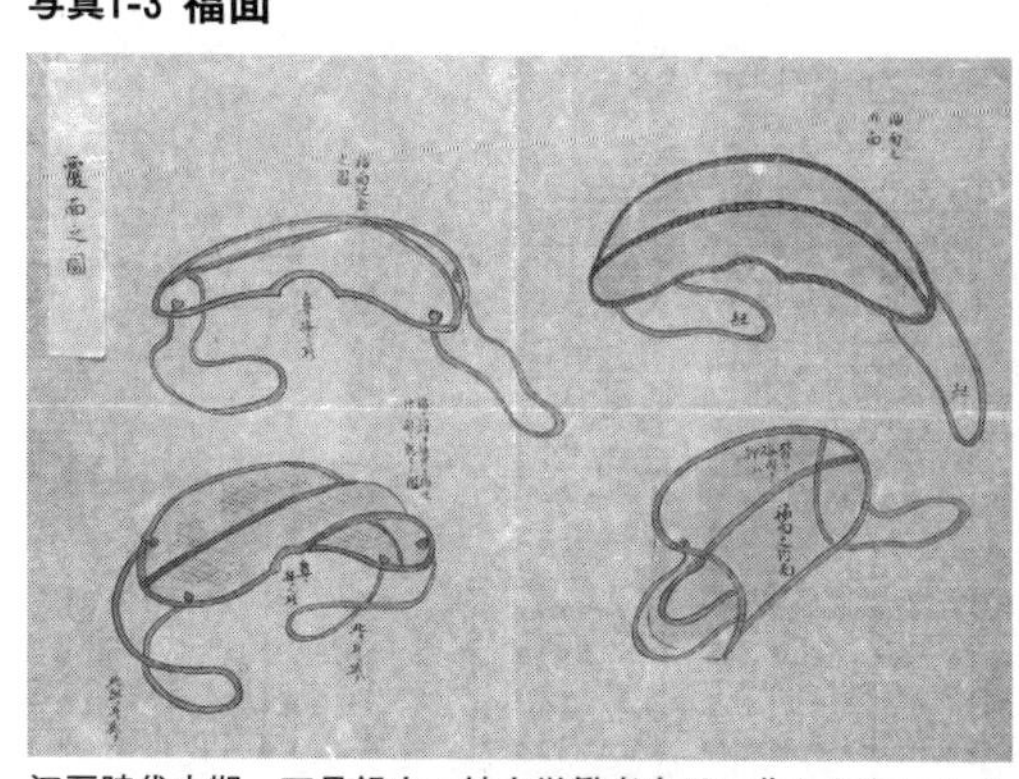

江戸時代末期、石見銀山の鉱山労働者向けに作られたマスク

（石見銀山資料館蔵）

その後の太柱については語られることが少ないのですが、触れておきましょう。太柱は大木主水と名前を変えると、医師のかたわら、十津川郷士らと大道組という300人ほどの部隊を作り、「神代復古説」を唱えて攘夷運動に力を注ぎました。攘夷運動家の世話もしていたようです。

1869（明治2）年、世話をしていた者を含む6人は、「異人と同心して、キリスト教を蔓延させている」として、明治政府・参与の横井小楠を暗殺します。彼らは暗殺後、太柱宅に逃亡しましたが、太柱ともども捕縛されました。太柱は事件に関与したとして、終身流罪の判決を受けます。配流先は三宅島（現・東京都三宅村）ですが、到着後すぐに病死しました。享年44。はからずも、日本におけるマスクの先駆者2人は、似たような最期を迎えたわけです。

写真1－4は、大正時代にスペイン風邪（スペインインフルエンザ）が流行した頃の絵ですが、描かれているマスクは黒いのです。私は、ここに福面の影響があるのではないか、と考えています。つまり、幕末に鉱山労働者向けのマスクがあったことが、明治以降の日本人のマスク慣れにつながったのではないか。マスクが黒から白に、材質も布に変わるのは昭和の初年くらいです。大正時代は過渡期にあったわけで、マスクに鉱山労働者向けマスクの影響があるように思えるのです。

石見銀山は何を変えたか

話をまとめましょう。石見銀山が人類史にもたらしたものは、次のようになります。

①1500年から1700年にかけて、中国の貨幣需要を満たした（間接的には、中国からヨーロッパへもこの銀は流れた）。それにより、②東アジアの16世紀の経済成長をうな

がした。また、③日本国内に圧倒的な貨幣流通量をもたらし、④日本が世界最貧国から抜け出して経済大国化に踏み出すきっかけとなった。そのいっぽうで、⑤豊臣秀吉の朝鮮出兵の主力である毛利軍の軍資金を賄った側面もある。貨幣流通量の増加は、⑥日本の貨幣経済化を進めると同時に庶民の識字率を上げ、西洋にキャッチアップして経済大国化の道を歩むことを可能にした。やがて、⑦鉱物資源が枯渇すると坑道が深化し、労働環境は悪化したが、鉱山労働者向けマスクが登場して日本人のマスク慣れに寄与した。

写真1-4 大正時代のマスク

1917年刊行、大日本教育会「通俗衛生図解」より　（磯田道史蔵）

おおむね、こういったところでしょう。「公害と環境破壊」の項で述べたように、世界遺産には「普遍的な生命尊重」「人間意思の尊重」という価値尺度が重要です。生命には人間以外の生物、植物などすべてが含まれます。また、人間の意思を踏みにじるようなことが行われない状態を目指さなければなりません。お金ばかりが幸せではありません。貨幣の正の側面だけでなく負の側面も見て、人類福祉の視点で、石見銀山がどのように寄与していくかを考えて、この世界遺産をしっかり守っていっていただきたいと思います。

第二章

世界遺産登録の舞台裏

近藤誠一

伊藤　続きまして、元文化庁長官の近藤誠一先生にご登壇いただきます。世界遺産としての石見銀山は、石見銀山遺跡と文化的景観という2つの大きな要素から構成されていますが、このことは世界的にもなかなか類を見ないものです。しかも、石見銀山は一度〝落選〟しており、そこから復活して世界遺産の登録がなったという経緯がございます。石見銀山がいかにして、世界遺産に登録されたのか、その舞台裏を含めてご講演を賜(たまわ)りたいと思います。

福本　近藤誠一先生の経歴につきまして、簡単にご紹介させていただきます。近藤先生は1971年に東京大学教養学部教養学科イギリス科を卒業後、同大学大学院法学政治学研究科に進学され、在学中に外交官試験に合格。外務省に入省されました。入省後は、在米国日本大使館参事官、経済局審議官、広報文化交流部長、ユネスコ特命全権大使、駐デンマーク特命全権大使等を歴任なさったあとに、2010年から2013年まで文化庁長官を務められました。退官後は東京大学や東京藝術大学で教鞭を執られる傍ら、企業の社外取締役等も務められました。現在も外務省参与や国際ファッション専門職大学学長など、幅広い分野でご活躍をなさっています。２００７年のユネスコ大使時代には、本日のテーマとなります石見銀山の世界文化遺産登録に貢献もなさいました。それでは、近藤先生、よろしくお願いいたします。

世界遺産登録の意義

近藤　ただ今、ご紹介いただきました近藤誠一でございます。まずは、石見銀山の世界遺産登録15周年、おめでとうございます。本日は、私が当時、実際に世界遺産委員会の現地に行って経験をしたことと、石見銀山が世界遺産に登録されたことの意義について、お話しさせていただきます。そこでは15年前に何が起きたかということだけにフォーカスするのではなく、15年経った現在、どのような意義があるのかについても、あらためて考えてみたいと思います。

　私事で恐縮ですが、私は現在、一般社団法人人文知応援フォーラムを主宰しております（代表理事）。人文知とは、文化を愛で、芸術に親しみ、人文学を身につけることを通じて、人の心のなかに生まれてくる、しなやかで強靭な「知の力」のこと。この法人の活動を一言で言えば、これからの日本で文化、芸術、人文学の力が発揮されるために、日本社会で「人文知」の価値が広く認識されるように支援していくことです。

率直に申し上げれば、文系、理系に大別されるような専門知識は大事ですけれども、それだけでは、複雑な現代社会を読み解くことはできないし、解決策を見出すこともできません。専門知を縦糸とすれば、人文知を横糸として、広く分野横断的に取り組んでいこうということです。

ですので、さまざまな英知を束ねる、今回のシンポジウムの趣旨には大いに賛同しております。その意味で、私なりに、石見銀山の世界遺産登録というものを考えてみたいと思います。

これからお話しすることをあらかじめ簡単に申し上げますと、そもそも世界遺産とは何なのか。そして石見銀山が世界遺産の一覧表に記載される、つまり世界遺産に登録されるにあたって、どのような経緯があったのか。また石見銀山の世界遺産登録にはどのような意味があるのか、それは単に世界遺産条約、ユネスコやその母体となる国際連合（国連）のみならず、現在の社会の枠組みのなかでどのような位置づけになるのか、といったことになろうかと思います。

そして現在、社会が目まぐるしく変化し、新しい問題が続出するなかで、石見銀山が持っている価値をどのように再評価して、これからの、やや大げさに言えば、人類の問題解決や平和達成にどのような貢献ができうるのかという点にまで踏み込んでみたいと思います。

なぜ世界遺産の制度ができたのか

まず世界遺産とはどういうものか、簡単にご説明します。1972年、ユネスコにおいて世界遺産条約が採択されました。同条約は2021年時点で、日本を含む194カ国が締結しています。

その趣旨を一言で申し上げますと――すばらしい文化遺産および自然遺産は全人類の共通の遺産である。しかしこれは放っておくと、自然災害や戦争で壊れてしまうし、消えてしまうかもしれない。なかには、その価値を十分に理解できない、あるいは理解はしていても、それを守る体制ができていない国や貧しくて守ることができない国があるかもしれない。だから、その国だけに任せるのではなく、みんなで協力して、国際的に保護しよう——ということになります。その基準となるのが、「顕著な普遍的価値」です。

世界遺産条約が締結されるきっかけとなったのが、1960年代のエジプトにおけるアスワン・ハイ・ダムの建設です。経済発展のために、この巨大ダム建設案が浮上しておりましたが、もし建設されると、ナイル川上流にあった、紀元前1万2000〜同4500年前のヌビア遺跡が水底に沈むことになります。

これに対し、遺跡を守ろうという運動を展開したのが、考古学者や建築家などの民間の団体です。しかし、ナセル大統領（当時）は経済発展を重視して、ダム建設を推し進めます。運動側は、ダム建設が止められないなら、遺跡を移そうと、ファンドレイジング（資金調達）を行いました。結局、ヌビア遺跡は発掘調査ののち、一部が解体・移築されました。

この経緯から、今後は経済発展のために貴重な遺産がなくなってしまうかもしれない。いったんなくなったら、それはもう取り返しがつかない。みんなで協力して、守ろうという運動が盛り上がって、国連の専門機関であるユネスコを受け皿として、世界遺産条約ができたわけです。なお、ヌビア遺跡は1979年に世界遺産に登録されています。

ユネスコの真の目的

それでは、ユネスコとはどのような組織なのでしょうか。ユネスコ（UNESCO）とはUnited Nations Educational, Scientific and Cultural Organizationの頭文字を取ったもので、日本語では国際連合教育科学文化機関と訳されます。国連の専門機関のひとつであり、本部はフランスのパリにあります（国連本部はアメリカのニューヨーク）。

ユネスコの活動を理解するために、ユネスコ憲章の前文を見てみましょう。文部科学省のホームページから転載いたします（ふりがなは筆者、以下同じ）。

この憲章の当事国政府は、その国民に代(かわ)って次のとおり宣言する。戦争は人の心の中で生(うま)れるものであるから、人の心の中に平和のとりでを築かなければならない。相互の風習と生活を知らないことは、人類の歴史を通じて世界の諸人民の間に疑惑と不信をおこした共通の原因であり、この疑惑と不信のために、諸人民の不一致があまりにもしばしば戦争となった。ここに終りを告げた恐るべき大戦争は、人間の尊厳・平等・相互の尊重という民主主義の原理を否認し、これらの原理の代りに、無知と偏見を通じて人間と人種の不平等という教義をひろめることによって可能にされた戦争であった。文化の広い普及と正義・自由・平和のための人類の教育とは、人間の尊厳に欠くことのできないものであり、且つすべての国民が相互の援助及び相互の関心の精神をもって果さなければならない神聖な義務である。政府の政治的及び経済的取極のみに基く平和は、世界の諸人民の、一致した、しかも永続する誠実な支持を確保できる平和ではない。よって平和は、失われないためには、人類の知的及び精神的連帯の上に築かなければならない。これらの理由によって、この憲章の当事国は、すべての人に教育の充分で平等な機会が与えられ、客観的真理が拘束を受けずに探究され、且つ、思想と知識が自由に交換されるべきことを信じて、その国民の間における伝達の方法を発展させ及び増加させること並びに相互に理解し及び相互の生活を一層真実に一層完全に知るためにこの伝達の方法を用いることに一致し及び決意している。その結果、当事国は、世界の諸人民の教育、科学及び文化上の関係を通じて、国際連合の設立の目的であり、且つその憲章が宣言している国際平和と人類の共通の福祉という目的を促進するために、ここに国際連合教育科学文化機関を創設する。

冒頭の「戦争は人の心の中で生れるものであるから、人の心の中に平和のとりでを築かなければならない」は有名で、よく引用されていますから、ご存じの方もおられるでしょう。加えて「文化の広い普及と正義・自由・平和のための人類の教育とは、人間の尊厳に欠くことのできないものであり」、それは「神聖な義務である」と謳っています。

私がもっとも強い印象を受けたのは、「政府の政治的及び経済的取極のみに基く平和は、世界の諸人民の、一致した、しかも永続する誠実な支持を確保できる平和ではない」という件（くだり）です。つまり、政府が平和を守ろうよと約束をして制度を作ったところで、利害が一致している時はいいけれども、利害が対立したら、それは守られるとは限らない。本当に平和を維持しようと思ったら「人類の知的及び精神的連帯」が必要だというのです。

政治や経済に任せるのではなく、文化という敵対関係のないものに依拠する。自分と意見や立場が異なる相手でも、すばらしい文化財を持っていれば、それを尊重して共に守っていく、そういう世界をつくりましょう。ここにユネスコ設立の真の目的があると私は考えています。

国連の強みと弱み

ユネスコの母体である国連についても触れておきましょう。国連は1945年10月、51カ国の加盟で設立されました。国連憲章の第一章第一条には、次のようにあります。

国際連合の目的は、次のとおりである。

1 国際の平和及び安全を維持すること。そのために、平和に対する脅威の防止及び除去と侵略行為その他の平和の破壊の鎮圧とのため有効な集団的措置をとること並びに平和を破壊するに至る虞（おそれ）のある国際的の紛争又（また）は事態の調整又は解決を平和的手段によって且つ正義及び国際法の原則に従って実現すること。

2 人民の同権及び自決の原則の尊重に基礎をおく諸国間の友好関係を発展させるこ

と並びに世界平和を強化するために他の適当な措置をとること。

3 経済的、社会的、文化的又は人道的性質を有する国際問題を解決することについて、並びに人種、性、言語又は宗教による差別なくすべての者のために人権及び基本的自由を尊重するように助長奨励することについて、国際協力を達成すること。

4 これらの共通の目的の達成に当って諸国の行動を調和するための中心となること。

つまり、平和と安全を維持することを目的に設立されました。また、外務省のホームページに「第二次世界大戦を防げなかった国際連盟の反省を踏まえ」とあるように、いかに戦争を防ぐかに主眼が置かれています。この平和と安全に主要な責任を持つのが、安全保障理事会で、常任理事国5カ国（中国、フランス、ロシア、イギリス、アメリカ）と、2年の任期で選ばれる非常任理事国10カ国の計15カ国で構成されています。

紛争が起きたら、まずは平和的な解決を目指します。しかし、それでも侵略した国が言うことを聞かなければ、安全保障理事会が決定をして、最初は経済制裁を行います。それでもだめなら武力制裁、具体的には国連軍による軍事的措置を取ります。人類史上初の、国内における警察のようなシステムを作ったわけです。

しかし、常任理事国は拒否権を持っています。まさに現在のウクライナ戦争がそうですけど、せっかく制裁の決議をしようとしても、彼らの1国でも拒否すれば決議は成立せず、せっかくのシステムは機能しません。ユネスコのファウンディング・ファーザーズ（設立者）が予想したように、政治・経済的な取り決めは利害が一致している時だけしか機能しない、長続きしないことが証明されたのです。

ユネスコの初代事務局長を務めたのが、イギリスの生物学者ジュリアン・ハクスリーです。彼は若い頃から世界各地を旅して、国際主義者として知られています。ユネスコには、彼の思想も反映されているように感じます。

前述のように、国連の設立は1945年10月です。これに対して、ユネスコはその翌月にユネスコ憲章が採択され、1946年11月に設立されています。ここから想像するに、――国連は政治・経済の利益が一致しなければ機能しないシステムだから、文化と教育、つまり知的・精神的な連帯を謳う組織をつくろう――と考えた。その組織こそユネスコです。

つまり、国連で不十分なもの補うことを目的としてユネスコが創設され、世界遺産条約はユネスコがその目的を実施・実行に移す仕組みとしてふさわしいと考えられたので、その受け皿とした。ユネスコと世界遺産について考える時、このことを押さえておくことが大事だと思います。単に、世界遺産はわが国の誇りである、大きな経済効果がある、というだけではない。もっとも大きな意味合いがあることを強調しておきたいのです。

まさかの落選

ここからは、石見銀山の世界遺産登録に至る経緯についてお話ししていきます。

2001年、石見銀山は国内における世界遺産暫定リストに掲載され、日本政府がユネスコに推薦する候補地のひとつとなりました。きちんと申請すれば登録される可能性が高い、そう政府が判断したということです。

5年後の2006年、正式に準備が整いまして、日本政府はユネスコに推薦書を提出しました。同年秋、イコモスから派遣された専門家が調査に来ます。イコモス（ICOMOS）とは、International Council on Monuments and Sites を略したもので、日本では国際記念物遺跡会議と訳されております。ユネスコ世界遺産委員会の諮問機関であり、文化財の保存、修復、再生などを行う国際非政府間組織（NGO）です。

世界遺産は通常、ユネスコの世界遺産委員会が審査をする前に、専門家の観点から現地調査をしたうえで勧告をするシステムになっており、この役割を担っているのが、イコモスです。

2007年5月、イコモスが勧告を出します。その勧告は4段階のうちの3番目である「登録延期」、つまり現時点では登録の条件は満たされていないというものでした。これは、事実上の落選です。それまで申請すれば必ず登録された、日本の関係者にとって予想外のことで、皆びっくりしました。

逆転の理由

まさかの落選でしたが、結論を先に申し上げますと、1カ月半後のニュージーランドで行われた世界遺産委員会の場で一転して、登録となりました。なぜ逆転できたのでしょうか。

イコモスが評価したものが2つございます。

第1は、灰吹法です。これは、金や銀を含む鉛から金や銀を取り出す方法です。具体的には、灰の上に銀鉱石と鉛を置き、下から加熱すると、さまざまな金属が溶けて灰の下に沈み、最後には銀だけが残ることになります。この方法は、『旧約聖書』にも記載されているほど古くから行われてきましたが、日本には16世紀に伝来しました。最初に用いられたのが石見銀山であり、各地に広まっていきました。これにより金や銀の産出量が飛躍的に高まり、磯田道史先生が述べられたように、世界の銀生産の3分の1を石見銀山が占めるまでになりました。

第2が、木造建築です。石見銀山周辺には、それを採掘したり、運んだり、彼らを管理するために人々が集まり、集落を形成しました。木造建築による集落が、文化的な景観をなしていると評価されたのです。

私は当時、ユネスコ大使としてフランスのパリにおりました。通常なら、世界遺産委員会に日本代表として出席さえすればいいのですが、私は石見銀山について詳しい知識はありません。書類を見ただけで、日本の立場を主張するのは弱いだろう、と感じておりました。しかし、パリから石見までは遠い。どうしようか悩んでおりましたら、たまたま、2

007年5月末に中国出張の機会がございました。

これはユネスコがかかわっている無形文化遺産保護条約に関しての仕事でした。私は中国滞在を2日ほど切り上げて、日本に帰国しまして、日帰りで石見に現地視察をしました。その時にご案内いただいた方から、次のようにご説明をいただきました。

いわく——灰吹法は火を使って鉱物を溶かす際に木をたくさん使用します。それでは周囲の木がなくなってしまいます。そうならないよう、つまり木を切りすぎないようにした。また、木を切ったあとは植林をしました——と。

私は、「あ、これだ!」と思いました。まだ工業化が始まる前に、そこまで環境に配慮していた。これは単なる鉱山ではないぞ、と。確かに、車で石見銀山に近づく時に、関係者の方に「あそこが石見銀山です」と言われて、見上げると、それは木々に覆われた普通の山だったんです。私は、鉱山ですから赤茶色になった禿山(はげやま)を想像していたのですが、全然違った。

また、集落の存在からもわかるように、鉱山の周囲は採掘によって荒れ果てた地にならぬような配慮がなされていました。そこに、周囲の環境との共生を図った木造建築による集落を作ったと考えられるわけです。

私は、この環境への配慮こそ、世界遺産登録のアピールポイントになると思いました。

そして、パリに戻ると、世界遺産委員会の構成国である21カ国のうち、日本を除いた20カ国のユネスコ大使に対して、「環境」をキーワードに働きかけを始めました。

「日本に帰国して石見銀山を見てきたよ。驚いたことに、当時は植林までなされていた。16世紀から、環境に配慮していたんだ」と言うと、大きな反響がありました。「そのような遺産は大事にしたいね」と盛り上がってきたのです。私は内心、「これは、いける」と確信するようになりました。

ついに登録

こうして、審議の当日を迎えました。２００７年6月28日のことです。世界遺産登録の会議が始まる前、早朝にチリの代表が私のところに来て、耳元で「チリは石見銀山の登録、支持しますからね」と言ってくれました。

実は、チリには多くの銅山があり、前年にシーウェル鉱山都市が世界遺産に登録されていました。カラフルな木造建造物が山の中腹に並び、その景観などが評価されたのです。しかし、シーウェル鉱山を含め、チリの銅山のほとんどが禿山になっています。いっぽう石見銀山は緑に覆われている。したがって、石見銀山が登録されれば、鉱山でありながら自然を守った最初の例となる。これは世界遺産条約に新しいページを開くものだ、と強力に支持してくれたのです。

これが引き金となり、他の委員たちにも「そうだ」「そうだ」と賛成の輪が広がり、全会一致で登録となったのです。

こうして、環境というキーワードが大逆転の原動力となったわけですが、その舞台裏と言いますか、世界遺産委員会のメンバーであるユネスコ大使たちの本音はどういうものか、私なりに考えてみました。

環境問題は今に限ったことではなく、かなり前から言われてきました。政治や経済の世界では「環境問題は大事です」ということは合意します。たとえば、温暖化防止のための国際会議（気候変動枠組条約締約国会議［COP］）などにおいて、「皆で協力しましょう」という文書ぐらいは作る。でも実際には、ほとんど本気では実行されません。政治は権力や秩序を重要視し、企業などは利益を重要視します。環境はそれらの目的に差し障りがない範囲で守る、あるいは守るふりをすればいい。やや皮肉めいた言い方ですが、そのような姿勢があったことは否めません。

それに対して、心ある人は「このままでは、大変なことになる。国連の安全保障理事会や経済社会理事会などに任せていては何も変わらない」と思っていた。そのようななかで、ユネスコの職員や大使たちが「環境に配慮した石見銀山を世界遺産に登録することは、世界の人たちに良いメッセージになる。政治家や財界人で、心のなかではともかく、表面上は組織の論理に引っ張られて環境問題は後回しにしていた人たちに一矢報いることができる」と考えた。それが落選から、一挙に登録へと変わった本当のところではないか――。

もちろん、これはあくまで私の推測にすぎませんが、大きくは、はずれていないように思います。何百年もの間、石見銀山の地元の方々が努力して緑を守ってきた、そのことが世界遺産登録に結実したということでしょう。

登録後の対応

実は、石見銀山の世界遺産登録は、はじめて尽くしでございました。それまで、日本がユネスコに世界遺産登録の申請をした案件はすべて、イコモスが登録の勧告をしておりました。それが「登録延期」、すなわち落選は初の経験です。落選がはじめてですから、当然ですが、逆転登録もはじめてです。私にとっても、ユネスコ大使になったばかりで、世界遺産委員会に出席したのは、はじめてのことでした。また、日本代表が現地を視察するのもはじめてでした。はじめて尽くし、手探り状態で活動したのが、石見銀山の世界遺産登録であったのです。

世界遺産登録後の対応についても、述べさせていただきます。登録が決まりましたら、すぐに各国のユネスコ大使やイコモスの専門家の方々にお礼を申し上げました。また、ちょうどその頃、チリのバチェレ大統領が来日されておりました。そこで、安倍晋三(あべしんぞう)首相(当時)にお願いしまして、同大統領に「世界遺産登録委員会において、貴国の大使が真っ先に支持を表明してくれたおかげで登録できました。ありがとうございました」と言っていただきました。

これらの行動は、日本的と言えば日本的かもしれませんが、各国から「日本はきちんと礼儀を尽くす」との評価をいただきました。私も、これはいい文化だなぁと思いましたし、面倒がらずにすぐに対応していただいた安倍総理には感謝しております。

登録の翌々月となる9月8日、山陰中央新報社の主催で「郷土の誇り石見銀山を語ろう」というシンポジウムが開かれました。私もお招きを受けましたが、感動いたしました。というのも、「登録万歳！　これで観光客が来てカネが落ちるぞ」などの浮ついたものではなく、「世界遺産に登録されたが、これは地元にどのような意味があるのか、どう生かしていくのか」という、実にしっかりした内容だったからです。

世界遺産登録になると、お祭り騒ぎのようになる国や地域もあるのですが、浮かれることなく勉強する姿勢、これは日本人のすばらしいところだと思います。

生命体の〝涙ぐましい〟努力

石見銀山の逆転登録の主軸となった環境問題、この環境問題について俯瞰的(ふかんてき)および巨視的に考察してみたいと思います。

約１３８億年前、ビッグバンという大爆発によって、今日の宇宙が誕生しました。宇宙は拡大を続けるなかで、エントロピー増大の法則という、動かしがたい物理法則に支配されております。すなわち、物事は放っておくと無秩序・複雑な方向に動き、自発的に元に戻ることはないのです。

そして約46億年前に地球が生まれ、約38億年前に生命体が誕生しました。生命体とは何か。これを話すと長くなりますので、ごく簡単に申し上げます。生命は個体に宿りますが、その個体は死んでも子孫を残します。その子孫がまた子孫を残す。このように、生命が受け継がれていくというシステム、これを生態系と呼びます。

生態系は、物質の循環によって成り立っています。大雑把に言えば、それは無機物、たとえば炭素（C）のようなものから始まります。植物は太陽光を使って、この無機物を有機物に合成します（光合成）。具体的には、二酸化炭素（CO_2）と水（H_2O）から、タンパク質やアミノ酸を作り、酸素（O_2）を排出します。この有機物を草食動物が食べ、草食動物を肉食動物が食べることで、これらの有機物は動物の体から体へと移動します。肉食動物が排泄物を残したり死んだりすると、そのタンパク質やアミノ酸は菌類など微生物

図2-1 生態系と循環

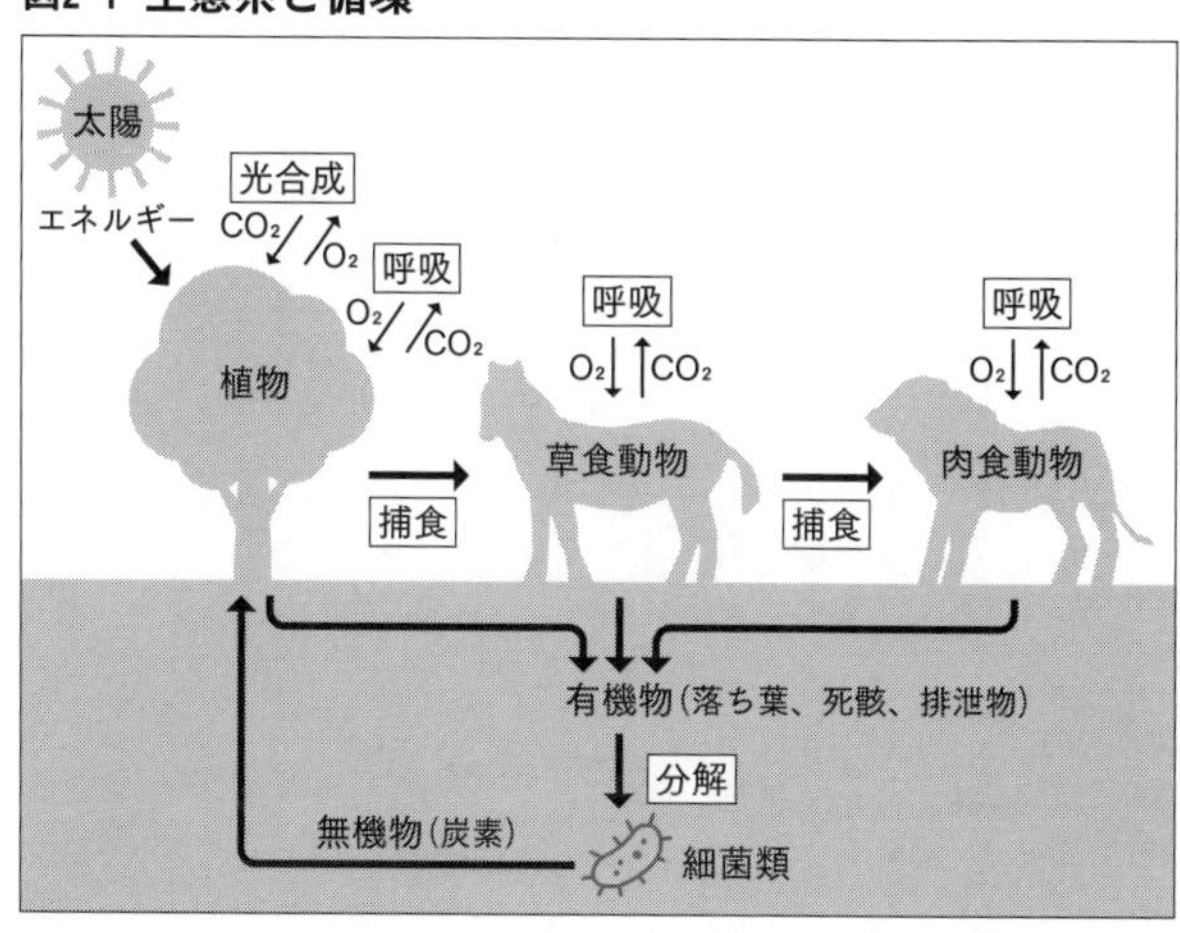

によって分解されて、また無機物に戻る。それを植物が光合成で有機物にする……。

この食物連鎖をわかりやすくしたのが、図2－1です。つまり、生態系は、有限の物質が無限に回ることによって、生態系は、生命をほぼ永久に維持することができるわけです。

生命体には、それ以外のさまざまな仕組みがあります。たとえば動的平衡(どうてきへいこう)です。一言で言えば、生命体のなかでは絶えず合成と分解が進んでいます。ただ、同じ速度で進んでいるため、一見変化が起きていないように見えるということです。具体的には、エントロピー増大の法則によりタンパク質は劣化、細胞が劣化して死滅します。それは、やがて生命体を死に至らしめる。だから、そうならないように常に古くなったものを外に出し、新しいタンパク質を取り入れる。そうすることで常時、物質が流れている状態にするわけです。

鎌倉時代初期の歌人・鴨長明は、随筆『方丈記』の冒頭で「ゆく河の流れは絶えずして、しかももとの水にあらず。よどみに浮ぶうたかたは、かつ消えかつ結びて、久しくとどまりたるためしなし。世中にある人と栖と、又かくのごとし」（鴨長明著、市古貞次校注『新訂 方丈記』岩波文庫）と述べています。物質や物事は常に流れており、生命とはそれが一時的に滞っているものにすぎない、というのです。これこそ、動的平衡です。科学者が20世紀に発見したことを、鴨長明は13世紀にお見通しだったわけです。

動的平衡のメカニズムひとつにオートファジー（自食作用）があります。２０１６年、大隅良典東京工業大学栄誉教授がオートファジーの仕組みの解明によりノーベル生理学・医学賞を受賞されたことから、よく知られるようになりました。簡単に説明しましょう。

個々の細胞には、液胞という細胞液を満たしている部分があります。細胞が飢餓状態になると、細胞内の細胞質でタンパク質的なものを液胞が食べて消化することで、新しいタンパク質やアミノ酸を作ります。それによって、エントロピーの低い（秩序が保たれている）ものを提供でき、飢餓状態をサバイブ（生き残る）できるわけです。

さきほど生態系のところでご説明しましたが、無機物を有機物にしてくれる植物もすごいですが、動物も負けていません。動物は古くなったものはどんどん出して、新しいものを入れる。新しいものが入ってこない時は、自分で自分の古い部分を食べて新しいものに変えることまでしているんです。

このような〝涙ぐましい〟努力をして、生命体はエントロピー増大の法則に抗（あらが）い、38億年間、生命を紡（つむ）いできたわけです。

環境破壊の人類史

約７００万年前、人類が誕生しました。人類はやがて道具や火を使うようになります。そして約20万年前、今の私たちに通じる現生人類が誕生しました。約7万年前には脳の突然変異が起きて、大脳新皮質（だいのうしんひしつ）が発達をしていく。これによって認知革命、つまり物事を考えるようになりました。具体的には記憶する、文字を作る、それによってコミュニケーシヨンを取るようになった。大きな進歩です。

その延長上に約１万２０００年前に農業革命、つまり自然に生(は)えたり実ったりしているものを食べるだけではなく、みずから畑や田を造って食料を生産するようになりました。食料を多く作れるようになれば、人口も増えていきます。

さらに３００年近く前には、産業革命が起こります。人類は、それまでの鋤(すき)や鍬(くわ)などの道具から、生産力を飛躍的に向上させる機械を持つようになりました。科学や技術はさらに発展・発達し、現在では情報技術やＡＩ（人工知能）などに転化されるなど、大変な進歩を遂げてきました。今やＡＩが人間を凌駕(りようが)するのではないか。つまり人間がつくったものが人間を上回るかもしれないなどと囁(ささや)かれる時代になりました。

これら目覚ましい発展の過程で、人類は高い生活レベルを得て、寿命を延ばすことに成功しました。「人生１００年時代」と言われるように、１００年ぐらい生きられるようになりましたが、同時に自然環境および生態系を破壊してしまいました。

たとえば、森林破壊です。森林破壊とは植物の数を減らすことにほかなりません。植物の減少は、先ほど示した「無機物→植物→草食動物→肉食動物」の循環にダメージを与え、野生の草食動物や肉食動物の減少となりました。さらには、有害なCO_2を吸収してくれる植物が減ったことで地球は温暖化しました。また、森林から出てきた動物が持っているウイルスが人間に感染をする。感染症の拡散を引き起こしたわけです。

また、農業革命はすばらしいことではありましたが、20世紀になって人口の増加が著しくなりました。生態系のなかでは、ある種が増えすぎると餌を食べ尽くしてしまうため、その種も生きていけなくなります。だから、自然界ではシマウマもライオンもほどほどの頭数でバランスが取れている。

ところが、人類は人口が増加したら、自分たちが食べる作物（植物）を増やしました。植物だけでなく、自分たちがおいしいと思う家畜（動物）も増やしました。自分たちが食べない動物が絶滅しても、見向きもしないのに。現在、地球上の哺乳類の9割以上が家畜だそうです。

結果として食物連鎖は乱れ、多様性が失われました。人類がおいしいと思うもの、かわいいと思うものしか残さないとなると、自然界のバランスを欠いてしまいます。家畜が増えれば、家畜を経由した感染症も増えます。

人類は自然を破壊しながら、その悪影響を受けているわけです。もちろん人類も愚かではありません。警鐘を鳴らす識者もいました。たとえば、アメリカの生物学者レイチェル・カーソンは１９６２年、『沈黙の春』（新潮文庫）を発表して環境破壊を訴えました。沈黙の春とは、農薬などの化学物質によって鳥が減り、鳴かなくなった状態を示しています。またシンクタンクのローマクラブは１９７２年、レポート「成長の限界」によって、このまま人口増加や環境汚染などが続けば、１００年以内に地球上の成長は限界に達すると警告しました。

警告だけでなく、対策も講じています。「生物の多様性に関する条約」（１９９３年発効）、「パリ協定」（２０１６年発効）などの条約・協定を作り、「ＭＤＧｓ（ミレニアム開発目標）」、「ＳＤＧｓ（持続可能な開発目標）」などを掲げました。でも今のところ、大きな進展は見られません。前述のように、やはり国際的な問題の本質は、政治・経済的な取り決めだけでは解決しないことを示しています。

このままでは、アメリカのジャーナリスト、エリザベス・コルバートが著書『６度目の大絶滅』（鍛原多惠子訳、ＮＨＫ出版）で示したようになるかもしれません。これまで地球上では5回、生物の大量絶滅がありました。そのひとつが繁栄を謳歌し、食物連鎖の頂上に君臨した恐竜を絶滅に追いやった約6600万年の大量絶滅です。コルバートは今や6度目の大絶滅の危機にあり、その原因は人類にあるというのです。なお、彼女は同書でピュリッツアー賞を受賞しています。

環境破壊が止まらない本当の理由

そこまでわかっていて、なぜ人類は環境破壊を止められないのでしょうか。

ひとつは、経済的な論理です。経済を重視するあまり、環境問題が置き去りにされるのです。コロナ禍が始まってから特にそうですが、社会の関心は感染状況そのものや社会的弱者への影響より、GDPへの影響はどれくらいか、経済成長率は上昇したか、工業生産指数はどうか、株価はどうか……などなど、経済の数字ばかりに追われています。その根底には、経済成長はビジネスの鉄則だ、成長しなければだめなんだという強い思い込みがあります。

イノベーションに対する盲信もあります。技術革新や組織改革をすれば、さまざまな問題は解決する。経済成長しながら環境を守ること、いわゆるデカップリング（非連動）は可能だと考える。企業はグローバル競争が激化するなか、人件費を含めたコストダウンなど、できるだけ効率化し、成果を出す。成果とは利益であり、それによって事業を拡大したり、再投資して新たな利益を生む。それしか生きる道はない、現在の立ち位置にとどまっていてはいけない、という風潮になっています。

経済とは本来、社会の富を増大し、改革を推進する。国民の生活レベルを向上させるという役割があります。経営者はそのことを十分に理解しているでしょうが、「当面は次の四半期を黒字にしなければ株主から攻められる。自分の首が危ない」と短期的に成果を数字で示すことに追われています。経済界がこのようであれば、社会全体もそれに引っ張られます。短期的な成果主義、効率主義が声高に叫ばれ、環境問題は二の次、三の次にされてしまうわけです。

もうひとつは、政治的な側面です。社会全体がこのような短期志向になれば、政治家は１００年後の日本をどうすべきかなどの長期視点に立つことよりも、来年の予算をどう自分の分野に獲得するか、今ある問題にどう対処するか、もっと言えば、次の選挙に勝っためにはどうすればいいか、と短期でしか問題を考えなくなってしまいます。

　これは、政治家だけを責められません。社会の風潮、国民の希望の反映としての政治活動でもあるからです。現在、民主主義はポピュリズム（大衆迎合）に向かっています。日本および先進国に限らず、国民は政治問題に関して、目の前のことに囚（とら）われがちです。政治家は国民に受けのいいことを言わないと選挙で勝てませんから、国内の世論に過敏になる。「１００年後の世界のために」と言っても、票は集まらない。必然的に、自国ファースト、一国主義が進展しますし、国家間のいがみ合いは激しくなります。

　たとえば、先進国が「CO_2を減らしましょう」と言っても、発展途上国は「あなたたちが散々（さんざん）地球を汚（よご）してきて、経済発展を遂げたうえで、われわれにそのツケを払わせようとするのは自分勝手だ。われわれは現在、工業化の最中であり、豊かになる権利がある」と反発するわけです。この背景には、グローバル競争の激化があります。

　CO_2を減らすには、ガソリン車をやめてＥＶ（電気自動車）を造ればいいかというと、そう単純ではありません。ＥＶを造るには、多くの銅やリチウムを必要とします。それは、それらを産出する発展途上国の乱開発につながり、結局、CO_2は減らないか、またはまったく新しい深刻な問題を発生させる可能性があるのです。ここには、さきほど述べたイノベーションに対する盲信もあります。

「脱炭素」「SDGs」と言うと社会で通りがいいから、政治家は掲げたり、叫んだりします。もちろん、そのこと自体は悪いことではありません。しかし、具体的にどうするかを考えたり、アイデアを出したり、行動したりする人はほとんどいません。その場凌ぎに終始しているように見えます。これでは、問題は解決しませんね。

人間の本質

環境問題が解決しないのは結局、そこに人間の本質や性が横たわっているからです。

第1は、人間が持つ欲望です。オリンピックのモットーは「より速く、より高く、より強く」です。今よりも、もっと——。これが人類を発展させた原動力でもありますが、人間の欲望には限りがありません。オリンピックなどですこしでも記録を伸ばそうというのは良いと思います。ただし、ドーピングなどルールを破ってはいけませんが。

経済はどうでしょうか。哲学者の斎藤幸平東京大学大学院准教授は著書『人新世の「資本論』（集英社新書）のなかで、脱石油・低炭素社会を展望するグリーン資本主義などはまやかしであり、経済成長は環境破壊をともなう、と述べています。

「まやかし」とまで言えるかは別として、いずれにしても、もっと成長したいし、儲けたい。今期は10億円儲けたけど、これを来期は20億円に、10年後には２００億円にしたい。環境問題は技術革新で何とかなるだろう。何よりも利益だ。利益によって新しい投資ができ、技術革新が生まれる。このように、欲望はいったん解き放たれると、なかなかコントロールできません。際限なく拡大していき、とどまることを知りません。

第2は、人間の思い上がりです。技術革新することで今は不可能なことも可能となると考えるのは思い上がりです。

スウェーデンの精神科医アンデシュ・ハンセンが、その著書『スマホ脳』（新潮新書）で書いているように、人間の脳にはＨＰＡ系という、視床下部→脳下垂体→副腎の反応の系列があります。これは摂食、睡眠、性行動、情動、免疫反応などを司るもので、原始脳や生存本能と言ってもいいと思います。これはわれわれ哺乳類だけでなく、爬虫類や両生類にもあるため、俗にワニ脳とも言われます。

ＨＰＡ系は脳の奥にあり、理性を司る大脳新皮質（だいのうしんひしつ）はその外側にあります。つまり、あとから発達した。したがって、人間が危機に遭遇してとっさの判断が必要になると、前者すなわち本能が現れる。将来のために環境を守らねば、でも今、俺はこれを食べたい、子孫を残したい、儲けたい。倫理よりも情動が優先されてしまうわけです。どんなに努力しても、人間は理性で感情を完全にコントロールしきれないことが、脳生理学から明らかにされているようです。もちろん、脳も環境変化に対応して進化します。しかし、急速に変化する近代生活の環境に合う形になるには、数百万年かかるでしょう。

つまり、人間は理性的な動物であると考えるのは、人間の思い上がりということになります。

思い上がりへの戒め

この思い上がりについて、人類は歴史のなかで、それを戒（いまし）める、さまざまな教訓を蓄積してきました。

たとえば、『旧約聖書』に登場するバベルの塔（写真２－１）です。人間が天にも届くよ

写真2-1「バベルの塔」

ピーテル・ブリューゲル画　（ウィーン美術史美術館蔵）

うな塔を建設しようとしたところ、その傲慢（ごうまん）さに怒った神は、人間たちの言葉を分けてコミュニケーションを取れないようにして、各地に散らしてしまいます。これによって塔の建設は止まった——。

　みずからの分（ぶん）をわきまえよ、ということですね。ただ、人間とはよほど欲深い存在なのか、通訳や翻訳などで異なる言語でもコミュニケーションを取れるようになりました。また、各国では競うように高層建築を続けていますし、タワーマンションの高層階に住まう富裕層も少なくありません。ちなみに、現時点で世界一高い建物はドバイのブルジュ・ハリフアで828mです。

次に紹介するのが、中国の明時代の長編小説『西遊記』です。主人公の孫悟空は、觔斗雲に乗れば、瞬時に何千里を旅することができると自慢していました。それを聞いたお釈迦様は、「見せてみよ」と言います。悟空はすぐさま觔斗雲を呼んで、はるか遠方に行き、そこにあった柱に自分の名前をサインして戻ってきます。そして、意気揚々と「行ってきました。その証拠にサインしてきました」と言うのです。お釈迦様は、自分の中指を立ち上げると「それはこれか?」と聞きます。そこには、悟空がさっきサインした名前が書かれていました。遠方と思っていたけれども、それは、お釈迦様の手のひらの上を移動しただけだった──。

いかに人間は思い上がりが強く、しかもそのことに気づかないか、を示しているわけです。

ドイツの文豪ゲーテによるバラード(詩)『魔法使いの弟子』にも、教訓があります。これは時に設定などを変えたりして、映画、小説、コミック、交響詩などになっています。

ある魔法使いが外出する前に、弟子に水を汲んでおくように命じます。弟子は水を汲もうとするのですが、なかなか重くて大変です。「そうだ、さっき習った魔法で箒に水を汲ませよう」。弟子が魔法を唱えると、箒はせっせと水を汲んできます。やがて水瓶がいっぱいになるのですが、弟子は、この魔法を解く方法を教わっていなかったことに気づきます。「やめろ、もういい」と言っても、箒は水を運び続ける。あっというまに水瓶が溢れて、水浸しになります。困った弟子はついに、箒に鉈を振り下ろします。ところが、２つに割れた箒はそれぞれが水を運び始めます。ますます水が増えて、洪水になる直前に魔法使いが帰宅。魔法を解いて、事なきを得る——というストーリーです。

人間が科学技術という魔法を生半可な知識で妄信して使うものの、コントロールできていないことを表しているように思えます。原子力発電所などは、その典型でしょう。

欲望は抑えられるか

人間は思い上がる存在だとして、その欲望を抑えるにはどうしたらいいのでしょうか。

そのヒントをくれたのが、人類学者の山極壽一京都大学名誉教授です。山極教授はゴリラ研究の第一人者であり、京都大学の総長を務められました。私は、彼から直接うかがいました。

前述のように、人間の脳は原始脳が奥にあってもっとも強く、理性を司る大脳新皮質はそれにかないません。しかし２００万～40万年前、人間の脳に革命とも言うべき変化が起こります。それまで人類は地球上で弱い存在でした。外では大型の野生動物に追いかけられ、内では病気に苦しめられた。10歳までに人口の半分が亡くなったそうです。この弱みを克服するために、人類は群れ（集団）の大きさを拡大することを選択します。

しかし、おたがいに疑心暗鬼では集団生活を送れませんから、共感力を養った。その際に大きな役割を果たしたのが、ミラー・ニューロンという新しくできた脳細胞です。これによって他者の行動やその意図を理解し合い、相互信頼にもとづく社会を形成することができるようになったのです。

ミラー・ニューロンは、霊長類の一部にしか存在しないそうです。そして、頭蓋骨（ずがいこつ）が大きくなったのは言葉ができたからではなく（言葉ができたのはそのあと）、ミラー・ニューロンの発達によるものである——というのが山極説です。頭蓋骨の拡大と集団のサイズの拡大がシンクロしているのです。

群れを拡大するにあたって有効だったのが、音楽です。群れ＝人口を増やすには、どんどん子供を産む必要があります。もともと人類はゴリラと同じように、母親は子供を3歳くらいまで常に抱いていました。これを1歳くらいで離すことができれば、次の子供を産み育てることができます。

しかし、離された子供は悲しいから泣く。その泣く子をあやすために、声を使ってメロディを出しました。まだ言葉はありませんから、歌ではないですが、子供は「あ、お母さんの声だ」と安心する。それが発達して、子守歌になったわけです。世界中の子守歌はピッチが高く、音の変化の幅が広く、繰り返しが多いことが共通していますが、その理由は歌になる前の心と心を通わせるメロディにあるのです。

音楽はやがて祭りなどに転化し、文化をつくっていきました。それにともない、ミラー・ニューロンもどんどん発達し、それによって共感力が増していきました。共感力が増すと、自分の欲望をすこし抑えてでも、みんなで協力しようと考えるようになり、やがてそれがみんなにとってプラスになり、生存率が高まることがわかったのです。たとえば、ある人は野獣が来ないかを見張る。ある人は木の実などの食料を見つけてくる。ある人は子供を育てる。分業ですね。

ですから、共感力を養うことで、原始脳が求めている目先の欲望を抑制する。あるいは、みんなのためにという気持ちをもっと高めることができるのではないでしょうか。それは結局のところ、自己の生存に有利なのですから。

特に、文化は政治や経済と違って、その違いが対立の原因にはなりません。むしろ尊重し、学び合う方向に向かいます。文化・芸術を通じて、共感力を養う。そしてミラー・ニューロンを大いに発達させることで、近代以降のわれわれの文明——それは理性の文明と言えるかもしれません——と、われわれ原始脳が依然として持っている生存本能の橋渡しができるのではないでしょうか。他との協力は、生存力を高めることにつながるのですから。そのためには、子供の頃の非認知能力の育成が大事だということにもなります。

共感力が増せば、自然に対する共感度も増すし、民主主義もきちんと機能するようになる。みんなが「俺が、俺が」と言っていると、民主主義は機能しませんから。そして社会の安定、生産性の向上に役立つ。つまり200万〜40万年前に人類が困難を克服するために養った共感力を使えば、人間の欲望と思い上がりが妨げている環境破壊などの問題を解決できると私は信じています。そして、それを培(つちか)ってくれるのが文化・芸術なのです。

石見銀山の普遍的価値

このように見てきますと、石見銀山が世界にアピールすべき普遍的価値を有していることにあらためて気づかされます。

世界遺産になったということは、人類共通の文化遺産として世界に認知されたことを意味します。石見銀山には世界に誇る文化があり、その文化が大事にしている価値観をアピールすることができるのです。これは、国連の安保理ではできない、政治・経済の利害関係を超えた、まさにユネスコの理念である、文化を通じて平和な世界をつくることに貢献できます。

富や雇用を生み出すために産業は必要であるから、銀は掘る。しかし、ただ掘りまくるのではなく、並行して木材の伐採制限や植林を行うなど、環境にも配慮する。それが、石見銀山で行われてきたことです。しかし、これは石見銀山に限ったことではなく、日本人の伝統的な価値観であり精神なのです。

高度な文明に到達しても、成長への飽(あ)くなき欲望を抑制できず、思い上がりによる自然破壊を止められない人類は、石見銀山で見られるこの精神、すなわち日本人が古来持ってきた精神から学ぶべきことがあるのではないでしょうか。この精神を世界に向けてアピールすることが、石見銀山の今日(こんにち)的かつ普遍的な価値だと思います。

ユネスコには、文化多様性条約というものもあります。その目的は「文化的表現の多様性を保護し、及び促進すること」です。さまざまな国にさまざまな文化がある。それを尊重しましょうということですね。

生命体は、多くの種が存在することで、環境変化に耐えた種が生き残り、枝葉を伸ばすように種を増やしてきました。人類もさまざまな文化を持つことで、問題解決のヒントを見つけることができるようになります。文化の多様性を認めて尊重することはとても重要なことなのです。右で述べた石見の、そして日本の文化が、こうした精神のもとで世界に受け入れられる日が早く来てほしいです。

残念ながら、日本は同条約に批准していません。そこにはさまざまな理由があるのですが、将来的には批准すべきだろうと私は思います。

さきほども触れた、世界遺産登録後に開かれたシンポジウム「郷土の誇り石見銀山を語ろう」において、「私たちの銀山宣言」が発表されました。それを、地元の高校生2人が次のように朗読してくれました。「（前略）環境に配慮しながら銀の生産を続け、世界にその名を知らしめた石見銀山。この郷土（ふるさと）の、そして日本の誇りを、次代を担う私たちが中心となって更に勉強、研究し、清掃活動など、できるところから実践し、守り、末永く語り続けていくことを宣言します」

私は聞いていて、実に頼もしく思いました。単なる地元の宝や経済効果だけではない、人類的な社会課題に答えることができるヒントを与えてくれる存在。このことを地元の高校生が理解しているのです。私たちは、あらためて石見銀山の普遍的価値を認識し、世界にアピールするだけでなく、これからの世代に伝えていくことが重要ではないでしょうか。

最後になりますが、地元のみなさんには世界遺産条約上の義務として、価値を認められたものをきちんと守るだけでなく、それが持つ人類文明にとっての意義を世界に広報することをしていただきたいと思います。もちろん、微力ながら私も協力させていただきます。以上で、私の講演を終わらせていただきます。ご清聴ありがとうございました。

第三章

石見銀山の歴史的価値

仲野義文

伊藤　石見銀山の存在は鎌倉時代から知られていたようですが、島根県「石見銀山の歴史」によりますと、1527（大永7）年に発見され、1923（大正12）年に休山となったそうです。その後、太平洋戦争下に金属需要が高まったことで再開発が試みられましたが、1943（昭和18）年に中止されました。現在まで約500年の歴史があるわけです。石見銀山に関する貴重な史料が保存されている石見銀山資料館（いも代官ミュージアム）は、1976年に開館した民間の資料館であり、住民の方々の協力を得て運営されてきたことは特筆すべき点であります。館長である仲野義文先生は、石見銀山の文化資源の収集に力を入れてこられました。本日は、石見銀山の歴史的価値についてご講演いただきます。

福本　仲野義文先生の経歴につきまして、簡単にご紹介させていただきます。仲野先生は1965年、広島県広島市にお生まれになりました。別府大学文学部史学科を卒業後、中学校・高等学校の教員を経て、鉄の歴史村地域振興事業団に勤務されました。その後、石見銀山資料館の学芸員となり、鉱山の支配や経営・技術について研究され、2007年より、同館の館長を務められております。『銀山社会の解明』、『世界遺産を学ぶ』（共著、東北大学出版会）などのご著書もございます。それでは仲野先生、よろしくお願いいたします。

ユネスコが評価した3つの特徴

仲野　はい。ただ今ご紹介いただきました、石見銀山資料館の仲野でございます。私のほうからは、石見銀山遺跡の文化的景観、また世界遺産としての歴史的な価値につきまして、写真や図版と共に、お話しさせていただきたいと思います。どうぞ、よろしくお願いいたします。

石見銀山遺跡は２００７年に世界遺産に登録されましたが、正式な登録名称は「石見銀山遺跡とその文化的景観」です。鉱山遺跡のため、産業遺産と思われることが多いのですが、それは誤りです。世界遺産は「文化遺産」「自然遺産」「複合遺産」の３つのカテゴリーに分けられており、石見銀山は文化遺産として登録されております。

その規模はコアゾーン（構成資産）が約５２９ヘクタール、バッファーゾーン（緩衝地帯）が約３１３４ヘクタールであることからも、かなり広範囲に分布していることがおわかりになるでしょう（図３－１）。

銀鉱山から延びている2本の道は、採掘した銀鉱石や銀地金を運んだ石見銀山街道（銀の道）です。ひとつが、鞆ヶ浦に続く鞆ヶ浦道（写真３－１左）。もうひとつが温泉津、沖泊（共に現・島根県大田市温泉津町）に続く温泉津沖泊道（写真３－１右）で、１５６２（永禄５）年に戦国大名の毛利氏が石見銀山を支配するようになってから利用されました。

石見銀山が世界遺産に登録される際、ユネスコから評価されたのは、次の3点です。

ひとつ目は、世界的に重要な経済・文化交流を生み出したことです。具体的には、石見銀山が産出した銀によってアジアとヨーロッパがつながり、経済・文化の交流が促進された点です。

2つ目は、伝統技術による銀生産方式が明確に示されていることです。前近代、いわゆる戦国時代から江戸時代、さらには明治以降の近代にかけて、各時代の遺跡が良好に残っている点が評価されたのです。

3つ目は、銀鉱石や銀地金を運んだ道、それを積み出した港、銀山支配にかかわる建物

図3-1 世界遺産の登録エリア

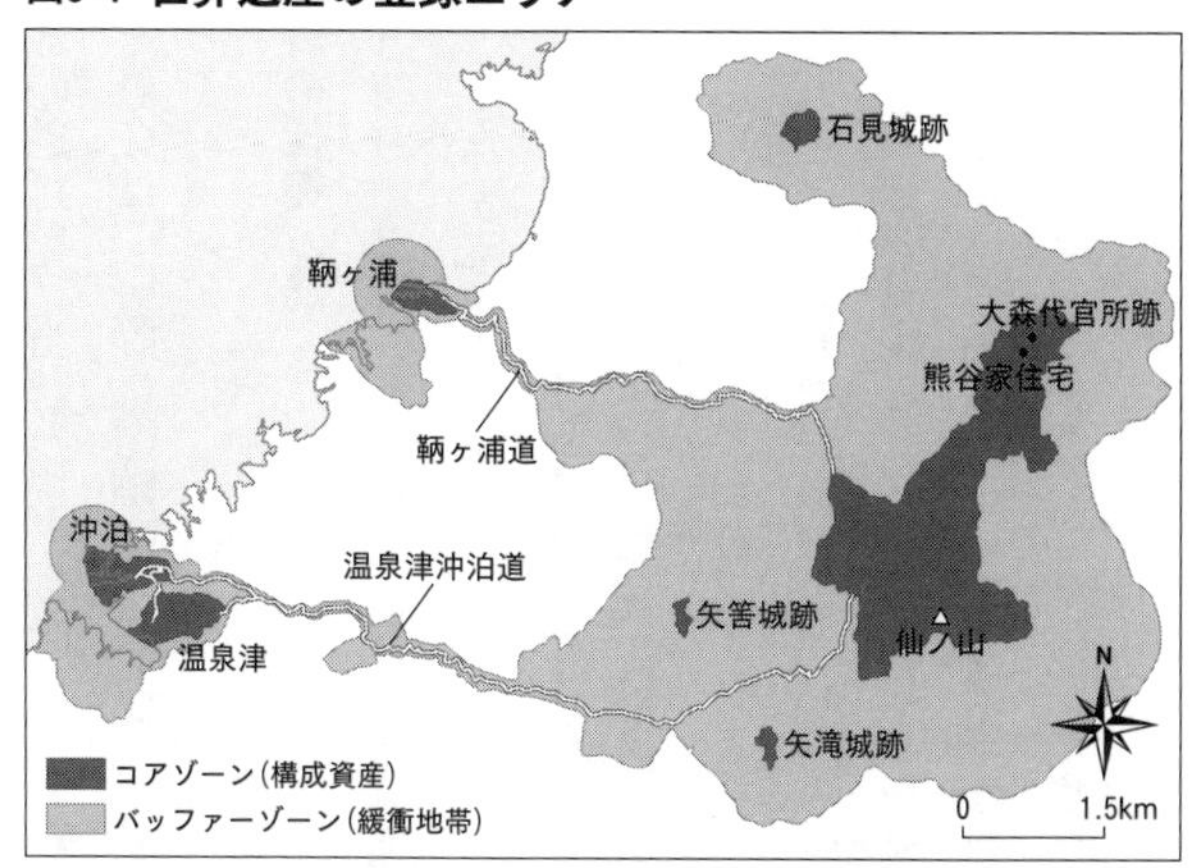

写真3-1 石見銀山街道

銀山と港を結んだ鞆ヶ浦道(左)と温泉津沖泊道(右)

(大田市教育委員会提供)

などの遺跡が、当時の銀の生産システムの総体として、きちんと残っている点です。
それでは、実際に遺跡の写真などを見ながら説明して参ります。

当時の採掘方法

写真3－2は、石見銀山遺跡の遠景です。左側に銀山である仙ノ山（現・島根県大田市）、右下の谷あいに銀山のために開かれた町・大森（同）、右上に日本海があります。こうして見ると、村里から離れた山のなかにあることがよくわかりますね。

写真3－3は大森の町並みを写したものです。約1km四方に江戸時代末から明治・大正期の古い建物が残っており、1987年には国の重要伝統的建造物群保存地区に選定されました。とても風情があって、私は大好きです。

仙ノ山は一見すると普通の山にしか見えませんが、一歩、山に入ると、採掘跡がたくさん残っており、至るところで採掘が行われていたことがわかります。ちなみに、世界遺産の申請にあたって調査をした結果、600近い採掘跡が確認されました。現在では1000を超えています。

写真3-2 石見銀山遺跡の遠景

（大田市教育委員会提供）

写真3-3 大森の町並み

江戸時代の建物がそのまま残っている　（仲野義文提供）

具体的に見ていきましょう。仙ノ山には2つの鉱床があります。ひとつは山頂から東側山腹にかけての福石鉱床、もうひとつ地下深部にある永久鉱床です（150ページの図4－2）。前者は最盛期に開発された鉱床で、自然銀をリッチに含んでいました。

写真3－4は、地表に露出した銀鉱石を採掘した跡です。このように、地表に出ている鉱脈を採掘することを露頭掘りと言います。

いっぽう、地表に露出した鉱脈を追って坑道を掘っていくことを𨫤追い掘り（𨫤押し掘り）と言います、写真3－5（116ページ）はその跡ですが、岩の割れ目に鉱脈があり、それを直接、掘った痕跡が左の下に見えます。その大きさは、縦約90㎝×横約60㎝です。当時は無駄なところを掘らずに、鉱脈の良いところだけを掘る、いわゆる抜き掘りをしていました。つまり、必要最小限の開発にとどめたわけで、これが環境に優しいと言われる所以であり、山の姿を残した大きな要因でもあります。

続いて、坑道を見てみましょう。写真3－6（同）は龍源寺間歩のもので、石見銀山で唯一、常時見学できる坑道です。間歩とは坑道のことです。石見銀山の鉱脈は東西に走っているのですが、龍源寺間歩はこれを南北方向から水平に坑道を掘って、鉱脈を串刺しするような形で採掘しています。その長さは、ほぼ水平に約600mにもおよびます。このような水平坑道を横相と言います。この方法は地下水が出た時にも排水しやすいため、江戸時代初期に徳川家康の命で石見銀山奉行となった大久保長安は公費で積極的に横相を掘削して銀の大増産を図っています。

写真3－7（117ページ）は、当時の採掘の様子です。このような狭い坑道のなかで、銀掘と言われる労働者が鑿と鎚を持って銀鉱石を採掘していました。このような小規模で労働集約型によって大量生産した点も、世界遺産としての評価のひとつになっています。

石見銀山は基本的に考古学遺跡ですから、近代の鉱山遺跡のように、建築物や構造物が地上に残っていません。発掘調査によって、遺構と出土品から銀生産の様子を

写真3-4 露頭掘りの跡

地表に露出した銀鉱石を採掘した跡

（大田市教育委員会提供）

写真3-5 鑓追い掘りの跡

地表に露出した鉱脈を追って採掘した跡。写真は釜屋間歩（仲野義文提供）

写真3-6 坑道

龍源寺間歩の坑道、見学も可能　（大田市教育委員会提供）

写真3-7 江戸時代の採掘の様子

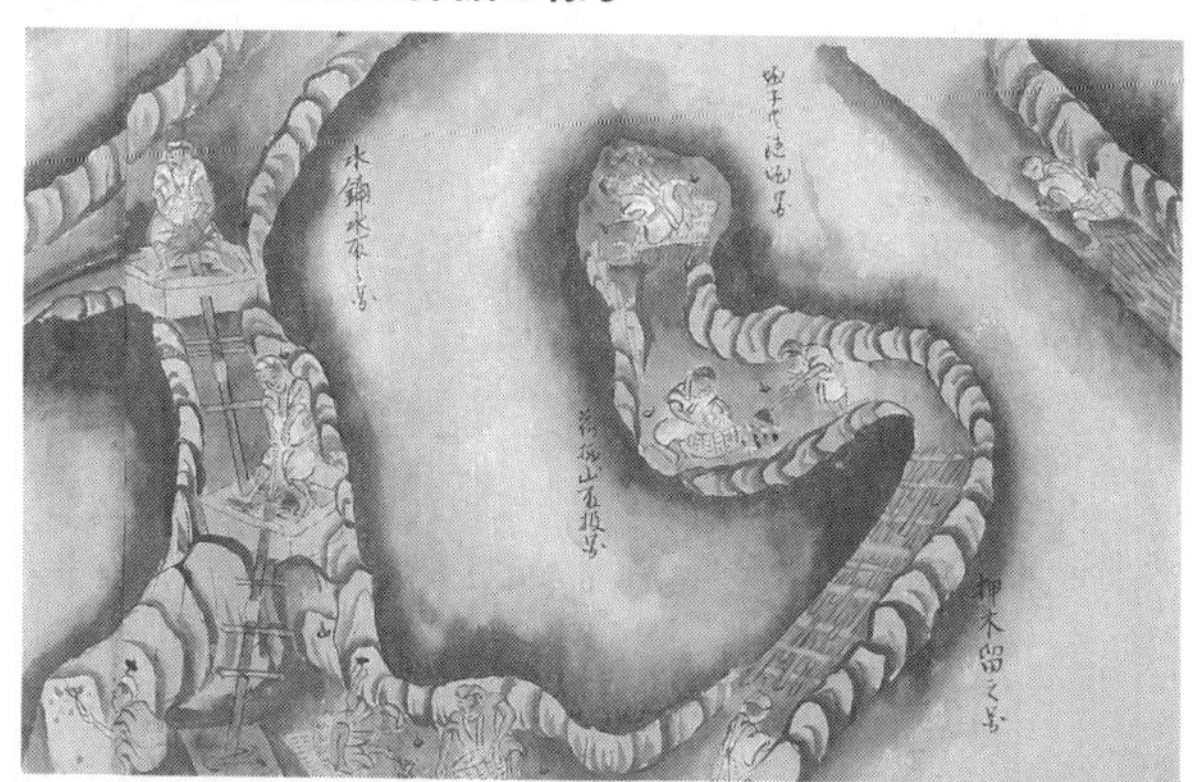

採掘から精錬に至る過程をまとめた「石見銀山絵巻」より　（中村俊郎蔵）

写真3-8 集落跡

仙ノ山山頂の北東で発掘された。多くの住民がいたとの伝承が残っている

（大田市教育委員会提供）

明らかにするしかありません。仙ノ山の山頂付近、標高約470mのところでは、当時の集落跡などが発掘されています（117ページの写真3－8）。この場所を含む石銀藤田地区は当時「石銀千軒」などと呼ばれ、最盛期の銀生産拠点のひとつでした。

こちらに限らず、石見銀山の調査は現在も継続して行われておりますので、新たな発見があるのでは、と期待しております。

『銀山旧記』の2つの謎

ここからは、石見銀山の歴史についてお話ししていきます。

石見銀山の史料としては『銀山旧記』があります（写真3－9）。ここには、石見銀山の発見から開発までが記されています。ただ、同書は誰がいつ書いたかが不明であり、異本、類本、写本などが多数存在します。つまり、二次史料です。比較的有名なのが、銀山附地役人（代官が現地で採用した役人）の大賀覚兵衛が1816（文化13）年に著した『石見国銀山要集』です。

石見銀山の発見について、『銀山旧記』は次のように記述しています。――大永6年、

写真3-9『銀山旧記(ぎんざんきゅうき)』

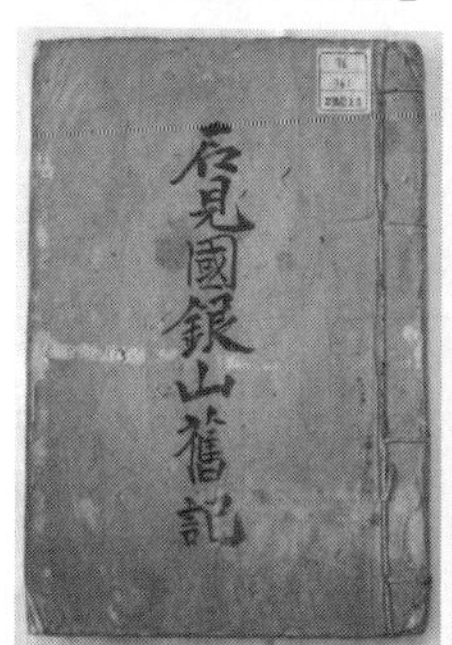

（石見銀山資料館蔵）

博多の商人・神屋寿禎が日本海を航海中、南の山に「嚇然(かくぜん)たる光」を見て、石見銀山を発見した。神屋は、一帯を支配していた戦国大名の大内義興(よしおき)の許可を得て、銀鉱石を掘り出した——。

これが事実かはわかりませんが、神屋寿禎は、室町時代の禅僧・策彦周良(さくげんしゅうりょう)の著書『策彦入明記(さくげんにゅうみんき)』の「初渡集(しょとしゅう)」に出てきますから、実在する人物であることはまちがいありません。神屋家は博多の有力な商人で、大内氏は神屋家などを通じて日明貿易を行っていました。当時、中国では銀の需要が高まっていました。ですから、日明貿易にかかわる人々によって石見銀山が開発されたことはけっして偶然とは思えません。東アジアにおける銀の需要が、石見銀山の開発の大きなきっかけになったということは指摘できると思います。

神屋寿禎は生没年不詳とされていましたが、佐伯弘次（さえきこうじ）九州大学教授は近年、その没年が1546（天文15）年であると発表するなど、実態が明らかにされつつあります。豊臣秀吉による朝鮮出兵の輸送で名を馳（は）せた豪商・茶人の神屋宗湛（そうたん）は、寿禎の曽孫にあたります。

石見銀山の発見の年についても、定説があらためられつつあります。小林准士（こばやしじゅんじ）島根大学教授は、その書誌学的な研究により、大永6（1526）年ではなく大永7（1527）年が有力であるという見解を示されたのです。研究者をはじめ地元でも、この説を支持しており、2027年を石見銀山発見500年として、企画展などの準備を進めております。

『銀山旧記』には、石見銀山での銀の精錬法についても記されています。――神屋寿禎によって発見された時、銀鉱石を精錬することができなかったため、天文2（1533）年に博多から宗丹（そうたん）と慶寿（けいじゅ）という2人の技術者を招いて、銀の精錬法である灰吹法を導入した――。

しかし、『銀山旧記』は二次史料ですから、この記述を鵜呑みにすることは危険です。実は世界遺産登録にあたり、灰吹法は本当にこの時期に伝えられたのか、同時代の史料を調べたのですが、残念ながら、国内では見つかりませんでした。ヒントを与えてくれたのが、海外の文献です。

画期的だった灰吹法

まず、灰吹法について簡単にご説明します。銀は通常、化合物として産出し、自然銀（天然に単体の状態で存在する銀）はきわめて少ないのが特徴です。

銀鉱石には鉛、鉄、銅、シリカ（珪酸）などが含まれており、そこから銀を抽出します。この時に使用するのが、鉛です。鉛と銀は親和性が高く、炉のなかに入れて溶かすと、銀鉱石中の銀が鉛と結びついて合金を形成します。いっぽう、鉄やシリカは軽いために上層に集まってきます。それを掻き出すと、炉の底に鉛と銀だけが溜まります。

続いて、鉄の鍋に灰を入れて、その上に銀と鉛の合金を置きます。木炭に火をつけて加熱し、さらに吹子で風を送ります。すると溶けた鉛と酸素が結びついて、酸化鉛になります。酸化鉛は表面張力と比重が小さいため、灰のなかに浸み込み、銀が上に残ります。これが灰吹法です。

灰吹法は銀だけでなく、金の精錬にも使うことができます。灰吹法は石見銀山に伝来、採用されたあと、生野銀山や佐渡金山など、遅くとも17世紀には各地に伝わり、わが国の金・銀の生産量は飛躍的に増加しました。画期的な技術だったわけです。

では、灰吹法はどこから伝わったのでしょうか。そのヒントは、朝鮮の史書『朝鮮王朝実録』にありました。同書には、16世紀中頃に日本人に銀の精錬方法を伝えたという記述が複数、存在しています。

また、『朝鮮王朝実録』の「燕山君日記」(燕山君は李氏朝鮮の第10代国王)に、当時の端川鉱山における銀の精錬方法の記述があります。具体的には、鉄製の鍋に動物の骨を焼いて入れ、銀精錬をしたと書かれています。実は、石見銀山の石銀藤田地区の調査で、鉄鍋が出土しており(写真3－10)、鍋のなかの土壌を分析したところ、銀と鉛の他に、動物の骨の成分が検出されました。これは「燕山君日記」での記述と符合します。

このように、灰吹法は石見銀山の開発が始まった頃に朝鮮から伝えられたと、今のところは考えられています。ただ、磯田道史先生のご指摘にもありましたように、中国から伝えられたことも否定できず、今後の課題として、研究してみたいと思っております。

戦国大名と石見銀山

磯田先生のお話にもありましたように（第一章）、戦国大名の尼子氏や毛利氏などの間で、石見銀山を巡って激しい争奪戦が行われました。その舞台となったのが石見城（124ページの写真3－11）、矢筈城、矢滝城などの山城です。毛利氏が石見銀山を支配するようになると、前述のように、銀山と港（同写真3－12）を結ぶ石見銀山街道が整備されるようになります。

徳川家康は関ヶ原の戦いが終わってすぐに、石見銀山を直轄地として支配しました。以後、江戸時代を通じて、幕府の天領になります。そして、天領を支配するために奉行所（のちの代官所）が置かれました。写真3－13（125ページ）は、当時の代官所の遺構です。

写真3-10 鉄鍋

銀の精錬に使用された鉄製の鍋

（大田市教育委員会提供）

写真3-11 石見城跡

標高153mの龍巌山（りゅうがんさん）に築かれた　（大田市教育委員会提供）

写真3-12 温泉津（ゆのつ）港

石見銀山の銀を積み出した港のひとつ　（大田市教育委員会提供）

写真3-13 大森（おおもり）代官所跡

江戸幕府が置いた支配拠点施設　（大田市教育委員会提供）

写真3-14 熊谷（くまがい）家住宅

当時の隆盛が偲ばれる　（大田市教育委員会提供）

写真3－14（125ページ）は、熊谷家住宅と言われる、大森地区で最大規模の商家建築です。熊谷家は、代官所の御用商人、御用掛屋（年貢銀の検査・秤量を行った）を務めた家です。

これら山城跡、銀を積み出した港、石見銀山街道、代官所跡、熊谷家住宅などはすべて、世界遺産の構成資産として登録されています。このような多くの遺跡で構成されていることも、石見銀山の特徴です。

グローバル化を推進した石見銀山

石見銀山で産出された銀は国内にとどまらず、比較的すぐに、朝鮮へ輸出されるようになりました。朝鮮からは、銀の需要が高まっていた中国に流れていきます。『朝鮮王朝実録』には、中国商人が銀を求めて日本に行く途中で朝鮮に漂着したとの記述が見られます。

1540年代以前、中国商人は現在のタイやベトナムなど、主に東南アジアで活動していました。それが1540年頃になると、その活動は東シナ海方面に移り、日本の北部九州でも活動するようになりました。やがて中国商人の交易に、ヨーロッパのポルトガル人

写真3-15 ティセラ「日本図」

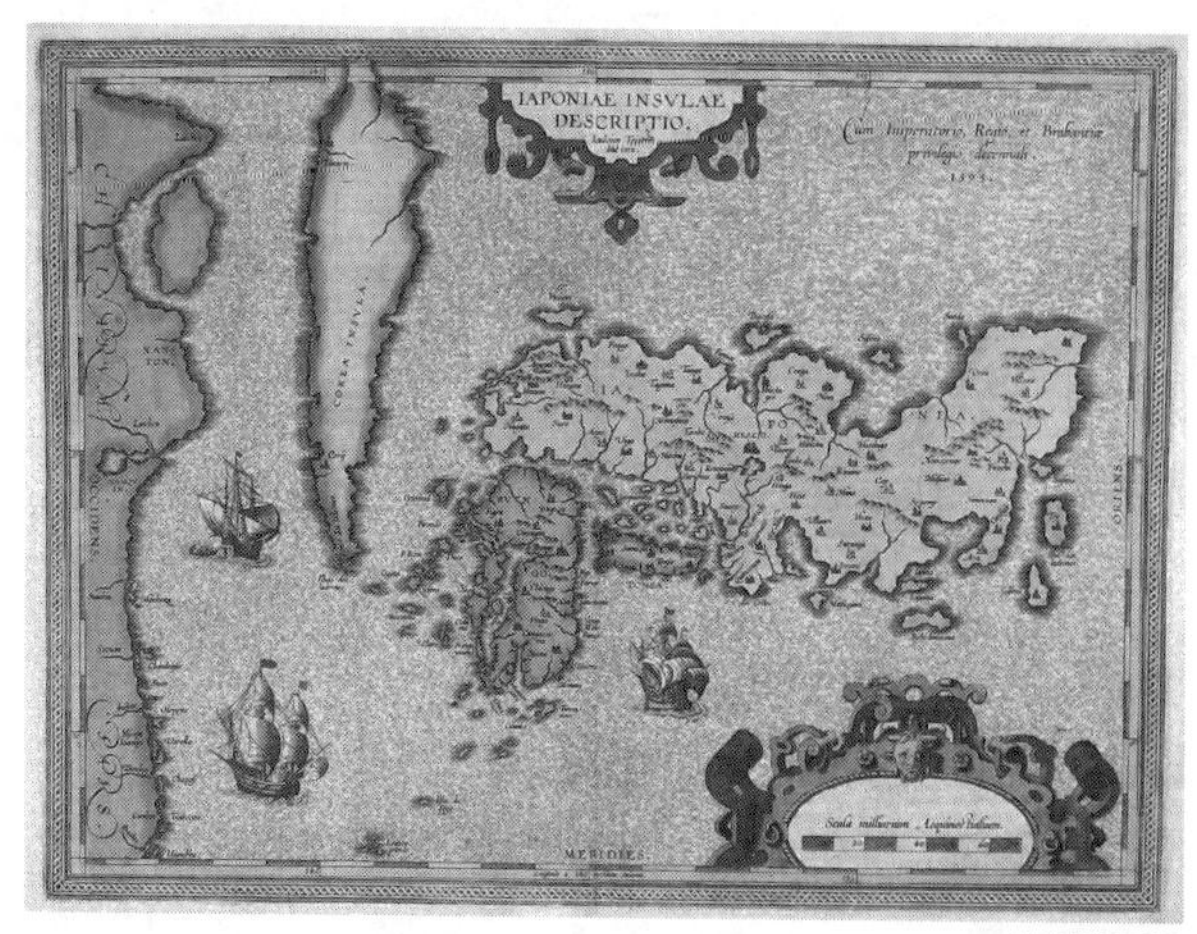

（中村俊郎蔵）

なども参画するようになり、最終的にはポルトガル人が日本に来るという、歴史的な出来事が起こってくるわけです。

日本はポルトガルなどとの南蛮貿易により、鉄砲、硝石、皮革、香料、絹布、陶磁器など、さまざまな物産を輸入しました。輸出したのが、主として銀です。

近年、岡美穂子東京大学史料編纂所准教授の研究によって、ポルトガル人が石見に来ていたことが明らかになりました。今後は、石見に来たポルトガル人がどのような活動をしていたかが大きなテーマになっていくでしょう。

写真3－15は1595（文禄4）年に

ベルギーのアントワープで作られた、地図製作者ティセラによる「日本図」です。この地図はラテン語で表記されているのですが、地名「石見」の近くには山が描かれ、「銀鉱山」と書かれています。つまり、日本で銀が産出することはもちろん、石見銀山の存在も、ヨーロッパで知られていたのです。

日本とヨーロッパがつながったことで、歴史は大きく変わっていきます。たとえば、鉄砲です。鉄砲は当初、輸入されていましたが、やがて国産されるようになります。量産された鉄砲は合戦を大きく変え、戦国時代の終焉を早める役割を果たしました。また、スペインの宣教師フランシスコ・ザビエルは、戦国大名の大内義隆にメガネを献上しましたが、これが日本に伝わった最初のメガネと言われています。以降、メガネは輸入されるようになり、のちには国産化へとシフトしました。

日本は古来、朝鮮や中国と交流してきましたが、この頃からヨーロッパと交流するようになりました。江戸時代の鎖国下でも、長崎においてオランダと貿易をし、非公開ではありますが、「オランダ風説書（ふうせつがき）」などから海外の情報を得ていました。いっぽう、日本から輸出された銀は、世界経済のなかで大きな役割を果たしました。

つまり、石見銀山の銀は、グローバル世界の形成の大きな推進力になったわけです。日本史の枠を超えて、世界史のなかに位置する。このことこそ、石見銀山の歴史的価値であると思います。

現在、グローバル化が急激に進展するなか、環境問題など人類共通の課題がクローズアップされています。このような時代だからこそ、石見銀山は環境問題やグローバル化の在り方を考える、ひとつの場所になってほしいと願っています。

すこし時間を超過してしまいましたが、私の講演はこれで終わらせていただきます。ありがとうございました。

第四章

江戸時代の鉱石標本の発見

石橋 隆

伊藤　続きまして、石橋隆先生にご登壇いただきます。石橋先生は、京都にある鉱物や化石の博物館である益富(ますとみ)地学会館の主任研究員を経て、私の所属する大阪大学総合学術博物館にて研究員をしていただいております。鉱物の肉眼鑑定において右に出る者がいないと言われる、鉱物研究者です。本日は、石見銀山付近で見つかった江戸時代の鉱石標本についてお話しいただきます。

福本　石橋隆先生の経歴につきまして、簡単にご紹介させていただきます。石橋先生は1977年に長野県松本(まつもと)市にお生まれになり、中京学院大学経営学部を卒業されました。2009年に益富地学会館の研究員となられ、平安女学院大学文化創造センター研究員、国際日本文化研究センター共同研究員などを経て、現在は大阪大学総合学術博物館の研究員、京都大学総合博物館の研究協力者、石見銀山資料館の客員研究員、南方熊楠(みなかたくまぐす)記念館の客員研究員などを兼務されております。ご著書には『プロが教える鉱物・宝石のすべてがわかる本』（ナツメ社）などがございます。それでは石橋先生、よろしくお願いいたします。

偶然だった、研究のスタート

石橋　ただ今ご紹介にあずかりました、石橋隆でございます。私の主な研究分野は地質や鉱物の科学的研究ですが、江戸から明治にかけての日本の博物学や鉱物学、鉱業の発展の歴史なども調べています。私は２０２２年まで、京都にある益富地学会館で研究員をしていました。同館は化石から鉱物に至るまで、世界中から集めた2万点を超す、珍しい「石」を収蔵しています。それら収蔵標本を定期的に入れ替えて展示していますので、機会がございましたら、ぜひご覧ください。

私のほうからは、石見銀山近辺で発見された江戸時代の鉱石標本についてお話しさせていただきます。この鉱石標本は、石見銀山資料館に収蔵されています。伊藤謙先生は同館を２０１６年に訪れた際、その展示を見て大変驚かれたそうです。そして、すぐに私にご連絡をいただき、そこから本格的な研究がスタートした次第です（「おわりに」で詳述）。

なお伊藤先生から、私について「鉱物の肉眼鑑定において右に出る者がいない」と、過分なご紹介をいただきましたけれども、鉱物鑑定では、目で見てわかること、わからないことがございます。わからないものでも、分野横断的に情報・知識を持ち込み、あるいは他の研究者と協力することでようやく明らかになったことがあります。ですので、いまだ研究半ばではありますけれど、現時点での研究成果をご紹介して参ります。

わが国最古級の鉱石標本

写真4－1が、石見銀山の鉱石標本です。これは発見された時のもので、升目(ますめ)を切った箱に、標本が和紙に包まれた状態でほとんど露出せずに入っていました。これがなぜ江戸時代のものだとわかったかと言いますと、包んでいる紙に多くの情報が書き込まれており、それらを読み取ることで、製作年代、標本の内容等が判明しました。

研究を進めるうちに、この標本が貴重なものであることがわかりました。なぜ貴重かと言いますと、それまで日本では、記録文書つきで受け継がれてきた鉱石標本は、明治時代以降のものしか確認されていなかったからです。

島根県「石見銀山の歴史」によりますと、石見銀山の銀生産は17世紀後半には年間10000～20000kgを維持していましたが、19世紀半ばには1000kgにまで減少しました。

写真4-1 石見銀山の鉱石標本

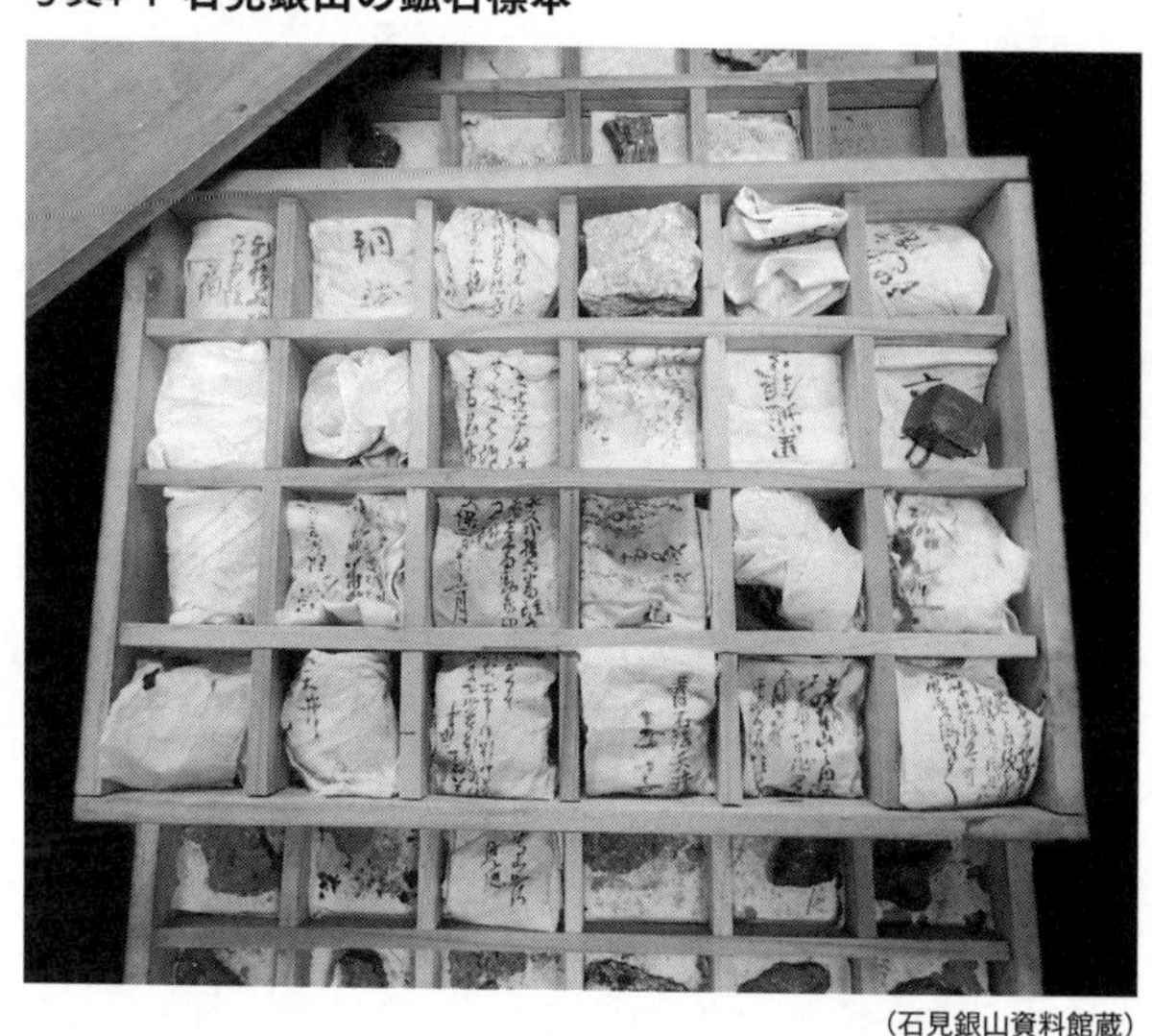

（石見銀山資料館蔵）

明治時代になると、藤田組（現・DOWAホールディングス）が採掘を試みますが、1年半あまりで中止しています。採算が取れなかったのです。明治・大正期に掘られた鉱石の一部は、京都大学総合博物館や九州大学総合研究博物館などに現存しています。

また、銀鉱石を製品化したもの、すなわち銀貨はたくさん残っています。たとえば、丁銀（なまこ形の棒状の銀塊で室町時代から江戸時代末期まで流通した貨幣）や豆板銀（丁銀の補助的役割を果たす貨幣）などです。石見銀山の銀を使用して正親町天皇（1517〜1593年）に献上された丁銀は、第一章で紹介されていましたね（43ページの写真1－1）。しかし、製品化される前の銀鉱石、それも明治時代以前に採掘されたものが、石見銀山近辺ではじめて確認されたのです。

ここで、銀鉱石が銀貨になるまでの4つの過程をご説明しましょう。

第1に「採掘」です。これは文字通り、銀鉱石を山から掘り出すことです。

第2に「製錬」です。鉱石から金属を取り出すことです。具体的には、鉱石を砕く「粉成」を行ったあとに、水で洗う「汰り分け（パンニング）」を行います。こうすると、金属は比重が重いため、下に残ります。江戸時代、鉱石のことを「鏈」と言っていたようです。こうしてできたのが荒鏈、つまり粗鋼です。これらは、石見銀山では「ズリ」と呼ばれる廃石捨て場などで発掘されています。

第3が「精錬」です。不純物の多い荒鏈から金属そのものを取り出す作業です。まず、炉のなかに鉱石と鉛を入れて銀と鉛の合金を作る「素吹」を行います。この銀と鉛との合金を貴鉛と言いますが、石見銀山では実物が発掘されています。貴鉛を銀と鉛に分離する作業が、第三章で仲野義文先生にご説明いただいた「灰吹法」です。石見銀山では、灰吹法によって取り出された灰吹銀（はいふきぎん）も発掘されています。

第4が「鋳造（ちゅうぞう）」です。取り出された銀を高い温度で熱して液体にすると、それを型（かた）に流し込み、冷やして目的の形状に固めます。こうしてできたのが銀貨です。

このように、完成品である銀貨や、その過程で作られる中間生成物は存在しましたが、江戸時代に採掘された銀鉱石そのもの、しかも由来が明らかになっているものは、それまで確認されていませんでした。さきほど見てきた銀を製品化する過程や技術などを明確にするためにも、最初の段階である銀鉱石は貴重なのです。

発見は21世紀になってから

鉱石標本が発見されたのは２０１０年代になってからで、石見銀山の坑道である龍源寺間歩からほど近いところに位置する、島根県大田市の高橋家（たかはしけ）（139ページの写真４－２）です。

高橋家は19世紀半ば、代官所より命じられて石見銀山御料銀山町年寄山組頭（いわみぎんざんごりょうぎんざんまちとしよりやまぐみがしら）を務めたことがあります。職務は、鉱山労働者たちと代官所との連絡役です。具体的には、事業体の採用をはじめ、銀山での作業に必要な免状の発行や産出された銀の江戸への輸送を確保するための管理を任されていた代官所の役人と、さまざまな採掘者たちとの仲立ちなどでした（石見銀山世界遺産センター「高橋家」）。

高橋家の現当主・高橋伊武（これたけ）さんによれば、この鉱石標本は代々（だいだい）高橋家に伝わり、保管されてきたそうです。発見後は石見銀山資料館に移されました。前述のように、それを見た伊藤先生から私にご連絡があり、研究がスタートしました。私は検分（けんぶん）を任されたのですが、さきほど触れた明治・大正期の鉱石標本を実際に見てから、石見銀山の鉱石標本の検分を行いました。

鉱石標本は全部で58点ありましたが、そのうち紙（和紙）に包まれていたものは24点ございました。最初に問題となったのが、紙に書かれていることをそのまま鵜呑みにしてよいのか、ということです。つまり、鉱石とそれを包んでいた紙に書かれている内容が本当に一致しているのか、紙と鉱石が入れ違っていないか、をチェックする必要があります。

私は、鉱物を肉眼で見ると、種類や成分がだいたいわかります。しかし、古文書を読む知識も経験もありませんので、紙に書いてある文字はほとんど読めませんでした。ですので、まず鉱石標本をひとつずつ取り出すと、肉眼鑑定で「これは銀ではなく銅である」

写真4-2 高橋家住宅

石見銀山御料銀山町年寄山組頭を務めた高橋家の居宅。1872年完成、非公開

「この鉱石の品位は高い」などと、鉱石の種類や品位などの見解を記しました。

その後、古文書を読める専門家の方に、紙に書かれていることを解説していただきました。そうしたところ、私が「これは品位が高くすばらしい」と記したものは、紙にも「品位が高い」と書かれているなど、私の見解と文字情報がほぼ一致しました。整合性が取れたわけです。

その結果を一覧にしたものが、図4-1（140～141ページ）です。もっとも左が「江戸時代の鉱石名」です。当時、そのように呼ばれていたようですが、現在ではあまり聞いたことがない、馴染みの薄いものが多い

採取場所	採掘年	その他
新横相根戸　六番鋏西延		
恵珍山本横相黒鋏下り 薄身横相四番鋏為右衛門 常右衛門出来所鏈		七匁吹
本谷　福石 大久保山薄身横相 出鋏西天井之内厚身 小鋏西江熊蔵丈 右衛門内福石ニ有之	申十一月十七日七 次取　出る	
永久　本陣地　佐藤本鋏		
龍源寺山出鋏□西下る 多平惣次郎□□□御□□取明 之内虎五郎鶴蔵半勘弁切地		壱匁八分吹
永久北六番鋏　水敷見鏈 壱番勘弁切地	天保二卯年十一月	
恵珍山虎太郎房八 友三郎熊蔵□地		十八匁吹
三十五番ニテ検収ノ生銀付属ノ鋏石	大正五年三月五日	藤田組の便箋に包まれる。 明治以降のものと推定
是者福神山根戸□ 藤吹横相入口より厚身 横相御直切延之内 壱番鋏東延切地	文久元酉年	銀気生交ル
永久弐拾六番鋏水敷 取明壱番勘弁切地	天保二卯年十一月	
蔵本山五番鋏之内 政蔵清太郎切地		大之分　十五匁吹・小之 分　廿七匁吹
		藤田組の便箋に包まれる。 島根県小馬木鉱山と推定
		最上之鏈ニてトヂニモ 可相当分
永久大天井		
新切山本横相大切九番鋏厚身 横相出鋏出来所鏈	天保三辰年 十二月廿三日	三匁吹 覚　一六匁五分　木具 五人前　〆　岩屋吉兵衛
青石鋏天井		
蔵本山之内政蔵 清太郎切地見鏈		百目ニ付 灰吹銀拾八匁吹
永久稼所厚身切渡三拾五番尺八向 出鋏東延之内儀蔵嶋切地上ノ鉑 之分撰取吹様致候処	天保五午年四月	正味鏈拾匁ニ付 灰吹銀弐匁也
龍源寺山出候		

図4-1 鉱石標本リスト

江戸時代の鉱石名	鉱物種名
「鉑」	黄銅鉱
「銅錡」	自然銅、赤銅鉱
	閃亜鉛鉱、黄鉄鉱、安四面銅鉱、石英
「福石」	自然銀、針銀鉱、方鉛鉱、重晶石、孔雀石、四面銅鉱
「鉑鏈」	安四面銅鉱、方鉛鉱、黄銅鉱、針銀鉱様鉱物、閃亜鉛鉱、方解石、孔雀石
「見鏈」「吹あらし鏈」「とかけ色鏈」	斑銅鉱、黄銅鉱
	斑銅鉱、黄銅鉱
「見鏈」	方鉛鉱＋α
「黒地銀寄生」	自然銀、針銀鉱、輝銀銅鉱－ジャルパ鉱系列鉱物、方鉛鉱
「六方」	針銀鉱、ジャルパ鉱
	方鉛鉱、閃亜鉛鉱、黄銅鉱、自然銀
「青気六方」	針銀鉱、ジャルパ鉱、方鉛鉱、孔雀石
「見鏈」	針銀鉱、自然銀、方鉛鉱
「見鏈」	方鉛鉱、輝銀鉱、閃亜鉛鉱、石英
「水鉛」	輝水鉛鉱
「サイノメ鉛鏈」	方鉛鉱
「トカケ地」	硫砒鉄鉱、方鉛鉱、石英
「鉑ヌメ」	黄銅鉱
	重晶石、雑銀鉱、安四面銅鉱
「玉子石」	方鉛鉱、石英
	方鉛鉱、石英
「見鏈」	黄銅鉱、マッキンストリー鉱
「見鏈」	黄鉄鉱、黄銅鉱

かもしれません。

その隣が、私の見解である「鉱物種名」です。すなわち、どの金属の鉱物かを現代名で示したものです。その隣が「採取場所」で、間歩や切地（きりち）（鉱脈を採掘している場所）などがあります。なかには、「採掘された年」が記録されているものもあり、それも記しています。一番右にある「その他」は品位、有用な金属の含有量などを記しています。

このように、この鉱石標本はきちんと有用な情報が示されており、あらためて貴重であることを認識しました。

幻だった「福石」

ここからは、発見された鉱石標本のなかで代表的なものを紹介していきます。最初に取り上げるのが、石見銀山の主要な鉱石である「福石（ふくいし）」（写真4－3上段）です。福石は、火山灰や火山礫（れき）が堆積してできた岩石の割れ目に生じた銀の鉱石で、銅鉱物をわずかしか含まないため、灰吹法のみで良質の銀を得ることができます。

この鉱石を所見した時、すぐに良いものであることがわかりました。というのも、写真

4－3上段の中央に錆びた針金のようなものがありますが、これが自然銀のひも状の結晶であることが、肉眼で検分できたからです。

包んでいた紙（写真4－3下段右）の2行目に「福石」という文字があります。さすがに、古文書を読めない私でも読むことができます。読んだ瞬間、「これが福石か」と心が躍りました。というのも、それまで確実に福石とされるものが現存していなかったからで

写真4-3 福石

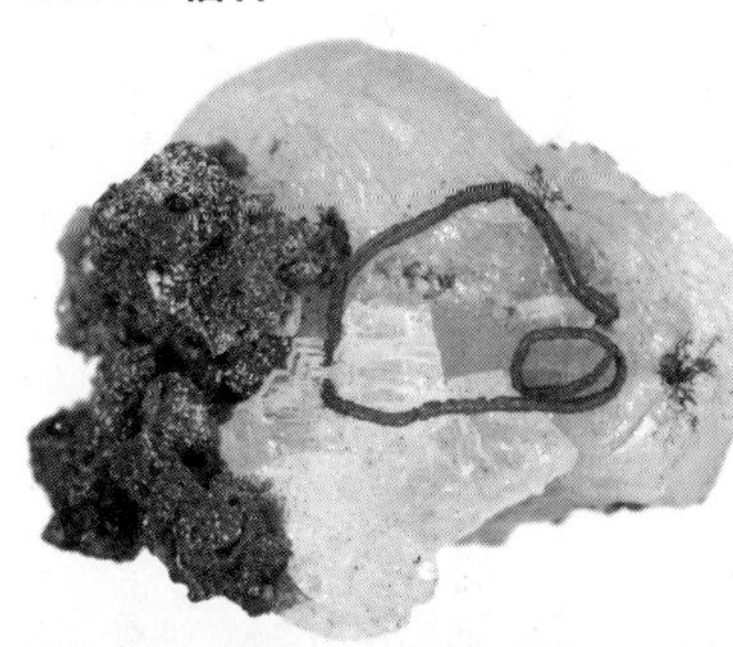

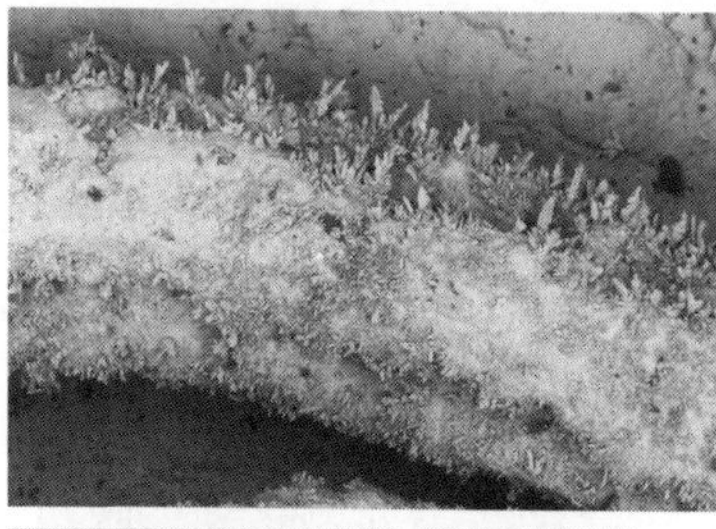

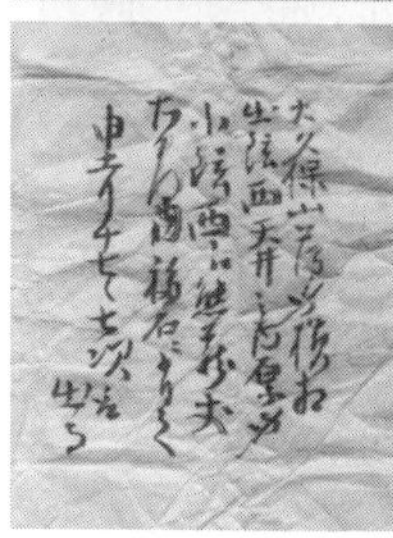

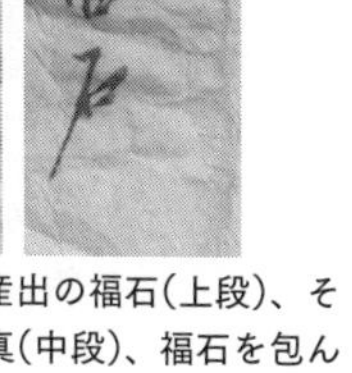

大久保間歩（福石鉱床）産出の福石（上段）、その表面の電子顕微鏡写真（中段）、福石を包んでいた和紙（下段）

（石見銀山資料館蔵）

す。なお、1行目の「本谷」は、採掘された場所を指しています。本谷地区には、江戸時代初期の主要な採掘場所である、大久保間歩（現・島根県大田市）や釜屋間歩（同）などがあります。

この鉱石の成分分析をするため、自然銀の結晶の表面を電子顕微鏡で拡大したところ、無数の針葉樹の枝のようなものが現れました（写真4－3中段）。これは針銀鉱という硫化銀から成る鉱物です（針銀鉱は高温で輝銀鉱となる）。自然銀は天然に産する銀であり、言わば銀そのものですが、表面は微細な硫化銀の結晶に覆われていることがわかりました。

いっぽう、写真4－3上段の左側にある角張った部分は緑色をしているのですが、これは銅と銀を含む硫黄の鉱物で、四面銅鉱（四面体の結晶形を持つ銅の鉱物）と言います。緑色になっているのは、銅を含む鉱物が分解することによって、緑青（銅が酸化することで生じる錆）を吹いているからです。このように、さまざまなことがわかってきました。

紙に書かれていた情報を読み解くと

福石を包んでいた紙（写真4－3下段左）には、どのようなことが書かれていたのでしょうか。活字にしてみます。

大久保山薄身横相
出鉉西天井之内厚身
小鉉西江熊蔵丈
右衛門内福石ニ有之
申十一月十七日七次取
出る

1行目の「大久保山」は大久保間歩を指しています。「薄身（うすみ）」とは、明治時代に書かれた坑内図に記されている「薄身福石場（うすみふくいしば）」のこと、すなわち場所を指していると思われます。「横相（よこあい）」とは鉱脈探索のために、鉱脈に対して直交するように掘った坑道のことです。つまり、大久保山で掘り進めた坑道が薄身と呼ばれる鉱脈にあたり、その場所から、この福石が採掘されたことを示しています。

ここで、鉱脈と坑道について簡単にご説明します。鉱脈がどのようにできるかと言いますと、金属が溶け込んだ温泉のようなものが、地層や岩の割れ目を通る時に急速に冷え、溶け込んでいたものが溶けきれなくなって、固体の結晶として晶出（しょうしゅつ）したものです。

石見銀山は江戸時代以前および江戸時代はじめには、地表に出ている鉱脈を採掘していました。いわゆる露頭掘りです。この地表に露出した鉱脈を追って、坑道を掘っていきました（鏈追い掘り）。ところが、江戸時代初期には地表の鉱脈を取り尽くしてしまいました。そこで、鉱脈に対して真横と思われるところから横穴を掘り、鉱脈にあたったら、それを左右に広げる掘り方になりました。これが横相です。

2行目に「出鉉（でづる）」とありますが、「鉉（つる）」とは鉱脈のことです。特に細めの鉱脈を指しているようです。つまり、坑道から産出したことを意味しています。「西天井（にしてんじょう）」の「天井」とは坑道の上の部分、「西」は方角を表しています。「厚身（あつみ）」はさきほどの「薄身」と同様に、鉱脈の場所を表しています。

4行目の「右衛門（うえもん）」は人名ですね。ただし、この人物が、この福石を掘り出した人か、寄贈した人か、あるいはこの鉱脈を掘る権利を持っていた人か、などは現段階ではわかっていません。5行目の「十一月十七日」は、6行の「出る」からもわかるように掘り出された月日のことですね。

このように、ひとつの鉱石を包んでいた紙から、これだけの情報を読み解くことができます。

福石は鉱石種名ではない!?

この福石が採掘された大久保間歩は、石見銀山遺跡の中核を成す遺跡のひとつで、内部が公開されています（148ページの写真4－4）。近年になって、「福石場（ふくいしば）」と呼ばれている場所も公開されています。

福石場とは、おそらく銀含有量の高い鉱石がたくさん出た場所、あるいは富鉱体（ふこうたい）（鉱床のなかで有用鉱物の含有率が高くなっている部分）を指しているのではないかと思われます。だとすると、福石は江戸時代、鉱石種名を指したのではなく、そこから産出した銀鉱石のなかで品位の高いものを、そのように呼んだ可能性があります。
さらに精査をすれば、この鉱石標本が大久保間歩の福石場のどこで採掘されたかまでわ

写真4-4 採掘坑

大久保間歩の坑口（上段）と坑道（下段）

かっていくと思います。これらは今後の研究課題です。

福石鉱床についても触れておきます。第三章で仲野先生がご説明されたように、石見銀山には主に2つの鉱床、福石鉱床と永久鉱床があり、近接しています（150ページの図4−2）。

このうち、江戸時代初期に掘られ、地表で品位の高い鉱石を大量に産出したのが、福石鉱床です。地表で産出したために掘りやすく、それは銀の量産を可能にした理由のひとつです。いっぽう、江戸時代の後期に近づくにしたがって地中深くまで掘り進め、なおかつ亜鉛（あえん）、鉛、銅などが一緒に含まれる鉱石を産出したのが、永久鉱床です。

2つの鉱床を断面図（同図4−3）で見てみましょう。福石鉱床の地表近くには、広く鉱染（こうせん）が分布しています。鉱染とは、熱水から沈殿した鉱物などが岩の細かい割れ目や穴に散在している状態のことです。本谷の岩場では、至るところで鉱染が目につきますので、採掘しやすかったと思います。

図4-2 石見銀山の鉱床

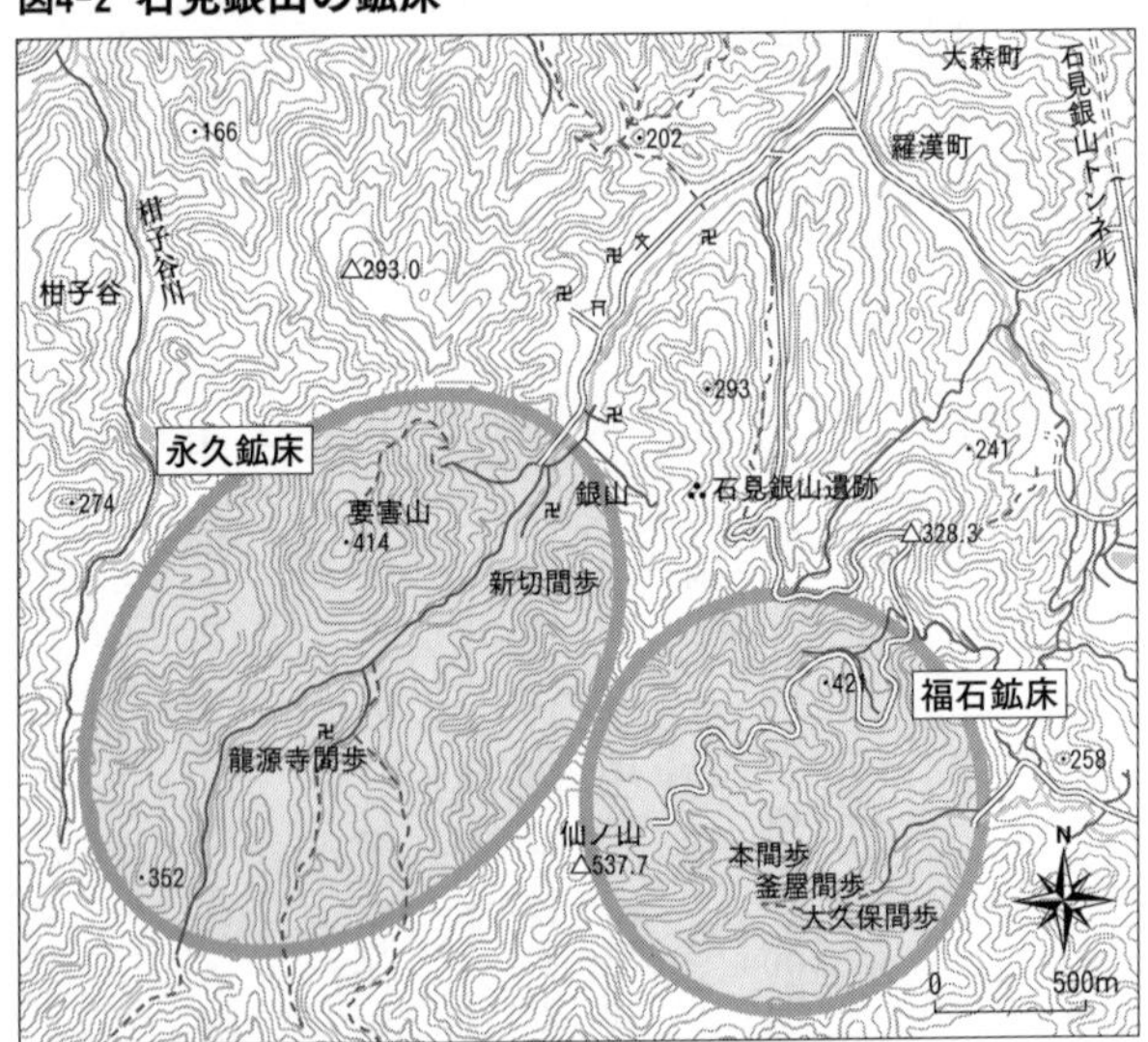

図4-3 石見銀山の断面図

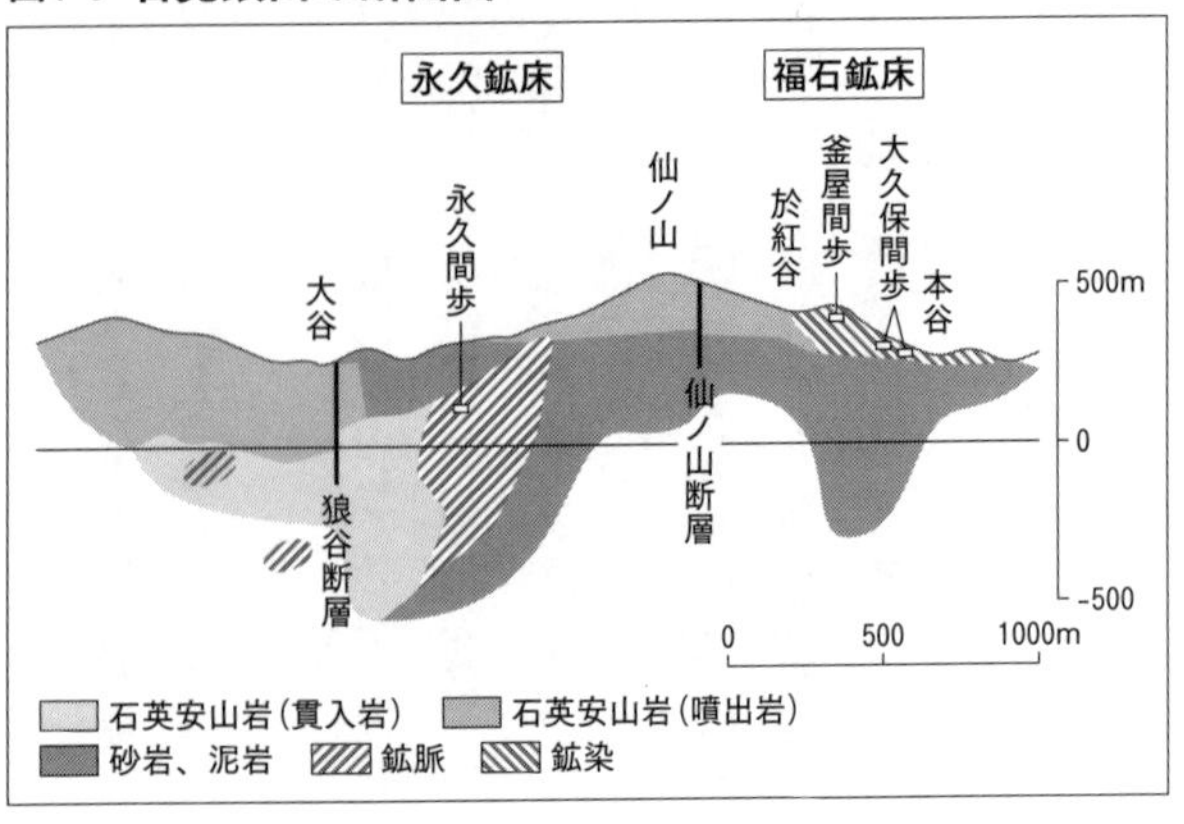

『銀山旧記』に記載されていた鉱石

次にご紹介するのが、「黒地銀寄生」（写真4－5）です。『銀山旧記』には、鉱石のリストが記載されています。80ほどの鉱石種が挙げられ、外見的特徴や品位などが書かれています。そのなかに「銀寄生」があり、結構品位が高いものだと説明されています。この実物が、確認されたわけです。

これは、鉱脈の空洞（晶洞）や空間にできる自然銀、針銀鉱（硫化銀）、銀の他に銅がすこしだけ混ざるジャルパ鉱（ヤルパ鉱）などの集合体を指していると思われます。

続いて「六方」（152ページの写真4－6）です。これも『銀山旧記』に記載されています。名前の通り、鉛筆のような六角柱状をしています。鑑定の際、包んでいた紙に「六方」とあり、その形状を表していることは明確でしたから、すぐにわかりましたね。この標本は、2㎝以上に達する棒状のものです。

写真4-5 黒地銀寄生

（石見銀山資料館蔵）

肉眼鑑定では、人工的な中間生成物ではないかと思ったのですが、成分分析をしたところ、針銀鉱やジャルパ鉱の単結晶であることがわかりました。この鉱物は、日本の他の鉱山でも産出するのですが、これほど大きな単結晶は珍しく、鉱物標本として立派なものです。

（石見銀山資料館蔵）

写真4-6 六方（ろっぽう）

現地調査で判明した事実

写真4－7は、包んでいた紙に「青気六方（あおげろっぽう）」と書かれていたものです。六方におけるジャルパ鉱が分解した時に表面にできるのが青気で、これは炭酸銅や硫酸銅の鉱物ですから、緑青と同じような色をしています。『銀山旧記』には、青気は銀の富鉱体が出る時のサインになるため、青気が出た時にはお祝いをしたと書かれています。

紙には「文久元酉年（ぶんきゅうとりどし）」とありましたので、1861年に発掘、あるいはこの紙が作成されたことがわかります。本文を活字にしてみましょう。□は判読不明の箇所です。

写真4-7 青気六方（あおげろっぽう）

（石見銀山資料館蔵）

青気
六方　銀気生交ル
是者福神山根戸□
藤吹横相入口より厚身
横相御直切延之内
壱番鉉東延切地

1行目に「青気」、2行目に「六方」とあります。3行目の「福神山（ふくじんやま）」は、永久鉱床に属する福神山間歩（現・島根県大田市）のことです。現在、坑口の前に石碑が建てられていますが、坑道内に入ることはできません。「根戸（ねど）」は採掘した場所を表していて、福神山を掘り進めて、間歩の床に近い部分から採掘したことがうかがわれます。

4行目の「横相」と「厚身」は、前述のように、坑道の掘り方や鉱脈に対する方向を表しています。6行目の「壱番鉉(いちばんづる)」は、1番目の坑道を意味すると思われます。

では、本当に福神山間歩でこのような鉱石が産出し、富鉱体は存在したのでしょうか。鉱石標本および和紙に書かれている情報は、自然のごく一部を切り取ってきたものにすぎません。その情報をすべて正しいと考えると大きなまちがいにつながることもあります。

鉱物種や成分は、検分や成分分析によっておおむね正確であることが確かめられました。しかし、それ以外の情報、たとえば産出地や坑道なども確かめる必要があります。そのため、私は2017年から1年間にわたって、ほぼ毎月のように石見銀山に通い、現地調査を行いました。私は一応、地質学も修めていますので、地層や岩石に対する知識も備えております。

実際に、鉱石標本にある鉱石がついている母岩(ぼがん)が紙の記載通りに存在するかなどを調査しましたところ、ほぼ整合性があることがわかりました。あらためて、紙に書かれている情報の正確さが確認されたわけです。

今回の講演でも、みなさんに「現地の○○にはこのような露頭があって、鉱石標本と一致します」などとご紹介したいですし、エビデンスとしても示したいのですが、現地保全の観点から、差し支えないところのみを写真でお見せしております。どうかご了承ください。

肉眼ではわからなかった、銀の含有量

鉱石標本のなかには、鉱石名が紙に記載されていないものもあります。写真4－8上段（156ページ）もそのひとつです。私は最初に見た時、亜鉛、銅、鉛の鉱石の固まりにしか見えませんでした。肉眼では、銀が含まれているようには見えなかったのです。そこで、包んでいた紙に書かれていた文章を解読していただきました。活字にしてみます。

恵珍山本横相黒鉉下り
薄身横相四番鉉為右衛門
常右衛門出来所鏈
七匁吹

写真4-8 鉱石名なし

恵珍山(永久鉱床)産出の鉱石(上段)、その内壁の電子顕微鏡写真(下段)　(石見銀山資料館蔵)

1行目の「恵珍山」は、永久鉱床に属する間歩であることはわかっているのですが、具体的な場所までは特定できていません。注目したのは、4行目の「七匁吹」です。仮に100分率とすると、重量にして約7%の銀が含まれていることを意味します。

このことを確かめるため、電子顕微鏡やX線を使って徹底的に分析をしたところ、写真4-8上段の中央に見える隙間に、四面体のような結晶の集合体（写真4-8下段）がたくさんついていることがわかりました。これは「安四面銅鉱」といって、銅、アンチモニー（レアメタル）、硫黄を主成分として、鉄や亜鉛や銀などを含む銅の硫化鉱物です。

つまり、少量の銀が含まれていたのです。おそらく、試し吹きをした時に銀の品位が記録されたのでしょう。

銀を含まない鉱石

銀を含有していない鉱石もありました。写真4－9は鉛の鉱石で、紙には「サイノメ鉛鏈」と書かれていました。この鉱石は、サイコロ状に割れる特徴があります。ですから、「サイノメ」とは「サイコロの目」を表していると思われます。

サイノメ鉛鏈は、方鉛鉱（鉛と硫黄から成る硫化鉱物）の単結晶から成ります。

方鉛鉱には微細な銀鉱物が含まれていることがあり、他の鉱山では銀鉱石になることもあるのですが、石見鉱山の方鉛鉱を調べても、銀をともなっていませんでした。

写真4-9 サイノメ鉛鏈

（石見銀山資料館蔵）

なお、包んでいた紙には「最上之鏈（くさり）」という記述がありましたが、これは銀の鏈（鉱石）というわけではなく、鉛の鏈（鉱石）として最上のものという意味ではないでしょうか。

なぜ鉛鉱石が標本に入っていたかというと、灰吹法に使用するためです。銀を精錬する灰吹法は鉛を用います。この鉛はリサイクルするか、調達しなければなりません。良質な鉛鉱石なら、手間が省けるわけで、それを見分けるためにも鉱石標本のなかに入れておいたのでしょう。もしかすると、石見銀山産出の鉱石ではなく、他地域からもたらされたものかもしれません。

実際、この標本箱のなかには、他の銅鉱石もありました。それが写真4－10の「鉑（はく）」で、ほぼ黄銅鉱（おうどうこう）（銅の硫化鉱物で濃い黄色をしている）から成る銅鉱石です。江戸時代の別子（べっし）銅山（現・愛媛県新居浜（にいはま）市。1691年開坑、1973年閉山）でも、銅鉱石を「鉑」として「ばく」「はく」「びゃく」と呼んでいたことが記録に残っています。

これも、永久鉱床から産出したものです。福石鉱床で産出する鉱石には、亜鉛、銅、鉛が少量しか含まれておらず、永久鉱床の鉱石には多く含まれていました。江戸時代後期になると、永久鉱床では銀鉱石以外にも、銅鉱石が積極的に掘られるようになりました。

写真４－11は鉱石名が紙には書かれていませんでしたが、銅鉱石です。採掘場所はやはり永久鉱床です。石の割れ目に黄銅鉱の微細な結晶が多数見られる鉱石で、銀は含まれていません。

モノクロ写真ではわかりにくいのですが、黄銅鉱が錆びて薄膜干渉（薄膜の上下の境界で反射された光波がたがいに干渉して特定の波長の反射光を増強もしくは低減させる自然現象）を起こして、虹色になっています。これを、「トカゲ地」「トカゲ肌」などと呼びます。紙にも「トカケ地」と書いてあって、『銀山旧記』にも記録がありま

写真4–10 鉑

（石見銀山資料館蔵）

写真4–11 鉱石名なし

（石見銀山資料館蔵）

した。

銀品位の高い鉱石

写真4－12上段は永久鉱床から採掘されたもので、紙には「鉑鏈」と書いてありました。安四面銅鉱を主体として、方鉛鉱、閃亜鉛鉱（亜鉛の硫化鉱物）、黄銅鉱などから成る銀鉱石です。肉眼では確認できませんが、電子顕微鏡を用いて観察すると、隙間には微細な結晶がたくさん入っていました。成分分析をしたところ、銀品位の高い針銀鉱ないし輝銀鉱（写真4－12下段）が多く含まれていることがわかりました。

写真4－13は、鉱石名が書かれていませんでした。砂岩に大きめの板状の鉱物が多数ついていますが、これは重晶石（バリウムと硫酸から成る硫酸塩鉱物）の結晶です。ここまでは、肉眼で検分できました。小さな黒い塊については電子顕微鏡と成分分析ができる装置で調べたところ、針銀鉱ないし輝銀鉱を含む安四面銅鉱であることがわかりました。

包んでいた紙に「三匁吹」と書かれていましたので、１００分率とすると3％の銀を含んでいることになります。

写真4－14（162ページ）の「玉子石」は、『銀山旧記』に品位が高い石であると記述されています。これは、鉱石が礫（直径2㎜以上、砂よりも大きな岩石片）になったもの、あるいは礫岩（礫を主体として砂、泥、粘土などによって固結した岩石）です。

包んでいた紙に「青石鉉天井」と書いてありましたが、これは産地を示しています。「青石」は、大久保間歩で現在入ることができる坑道の入口から60～70ｍほど進んだとこ

写真4-12 鉑鏈

永久鉱床産出の鉑鏈（上段）、隙間にある輝銀鉱の電子顕微鏡写真（下段）　（石見銀山資料館蔵）

写真4-13 鉱石名なし

（石見銀山資料館蔵）

ろにある鉱脈の名称です。実際に現地に行ってみると礫岩が露出しており、この標本の母岩とも一致しました。

「鉉」は鉱脈、「天井」は坑道の上部を指しています。石見銀山の古文献のひとつに18世紀後半に書かれた「石見国銀山麁絵図」（写真4－15）があり、そこには鉱脈も細かく記されています。「青石」も鉱脈として記載されています。なお、同図は現在、石見銀山資料館に所蔵され、展示もされています。

写真4–14 玉子石

（石見銀山資料館蔵）

写真4－16の鉱石は、紙に「見鏈」と書いてありました。これは見本の鉱石、つまりサンプルという意味です。採掘場所は永久鉱床です。

私が最初に肉眼で検分した時は外見が黄色いため、黄銅鉱か黄鉄鉱（鉄の硫化鉱物で黄銅鉱より薄い黄色をしている）ではないかと見立てました。銀を含んでいないと考えたわけです。

しかし、紙の文章を解読していただくと、「正味鏈拾匁ニ付灰吹銀弐匁」と書いてあることがわかりました。重量品位で示されていますが、20％という、ものすごく高い品位で銀が含まれているというのです。

早速、調査をしてみました。光源を増やして（明るくして）写真を撮ってみると、鉛鋼色というか、銀色の部分が現れてきました。そして、この部分を調べたところ、マッキンストリー鉱（銀と銅の硫化鉱物）という銀の鉱物であることが判明しました。これなら、20％くらいの銀が入っていてもおかしくありません。紙に書かれた情

写真4–15 石見国銀山麁絵図

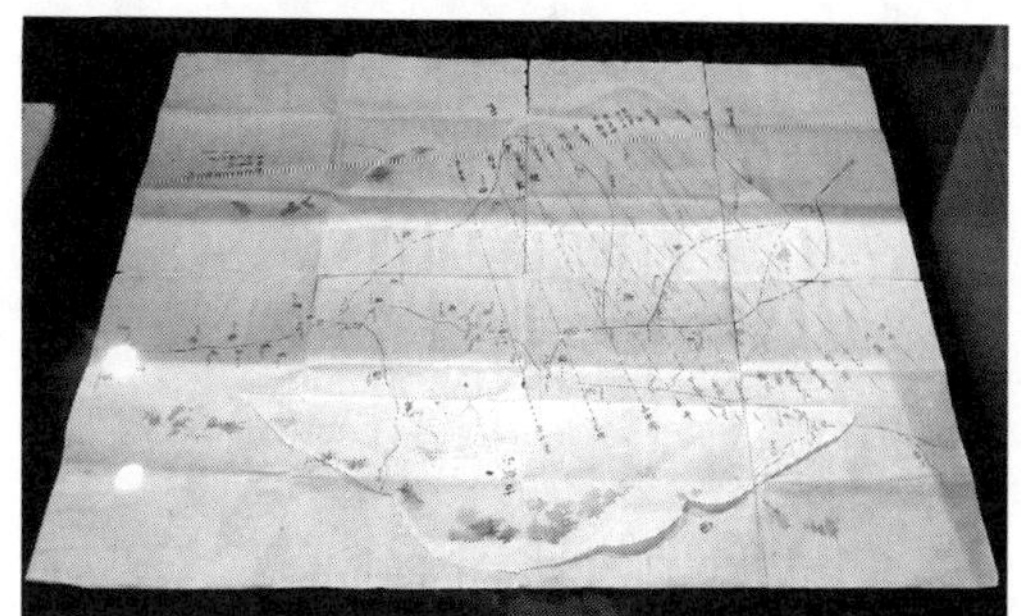

石見銀山の鉱脈が細かく記載されている　（石見銀山資料館蔵）

写真4–16 見鏈

（石見銀山資料館蔵）

報が正確であることがあらためてわかりました。

鉱石標本はまだまだございますが、そろそろ時間ですので、紹介はここまでとします。

研究成果の発表と反響

この鉱石標本の存在を一般に発表したのが、「石見銀山遺跡とその景観」が世界遺産に登録されて10年目となる2017年5月でした。

本件の共同研究者の1人でもある藤浦淳さんは当時、産経新聞社の新聞記者をされていたこともあって、同紙5月19日付夕刊の1面で取り上げていただきました。その後、他紙にも追随する形で報道され、なかには「世界遺産級の発見」などと言っていただいたところもあって、この分野としては異例の注目を浴びました。

鉱石標本は大変貴重なもので、きちんと保管・管理しなければなりません。いっぽうで、鉱石の成分分析を行ったり、鉱石を包んでいた和紙から情報を読み取ったりすることで明らかになる情報も貴重であり、世界遺産としての石見銀山遺跡の付加価値となるものだと思います。

また新たな発見をご報告できるよう、これからも鋭意、研究を進めていく所存です。分野横断的にご協力を仰ぐことがあるかもしれませんが、その際には何卒よろしくお願いいたします。それでは、ここで私の講演を終わらせていただきます。ありがとうございました。

第五章

座談会・次世代に残すために

磯田道史
近藤誠一
伊藤謙
仲野義文
石橋隆
福本理恵

伊藤　最後に、講演者全員でディスカッションを行います。テーマは「世界遺産としての石見銀山をいかにして次代に残すか」です。５００年もの歴史を有する石見銀山ですが、世界遺産の登録がゴールではありません。私たちは次世代に、その価値と魅力を伝えていかねばなりません。そのために何をすべきかを話し合います。まずは、世界遺産の登録後も継続して活動してこられた仲野義文先生より、現在の状況や課題についてお話しいただきます。その後、講演者全員で考察を深めていきたいと思います。それでは仲野先生、よろしくお願いいたします。

それは、世界遺産登録の50年前から始まった

仲野　はい。私からは、石見銀山が世界遺産に登録される前から登録後まで、その場（石見銀山遺跡）に立ち会った者として、今日までの動きや現在抱えている課題などの情報を提供いたしますので、みなさんからは忌憚のないご意見をいただければ幸いです。

石見銀山は、世界遺産に「石見銀山遺跡とその文化的景観」として登録されたように、自然と遺跡、人々の暮らしが一体化していることが高く評価されました。これは偶然に出来上がったわけではなく、大森町をはじめとする地元の方々による持続可能なまちづくりの取り組みに帰するところが大きいと思います。

実際、2016年には大森町において、ユネスコ初のESD（＝Education for Sustainable Developmen。持続可能な開発のための教育）を考える専門家会議が開かれています。まちづくりの取り組みがESDのモデルになる、と評価されたのです。

では、なぜ大森町の町並みやまちづくりが成功したのでしょうか。その理由は、地元の住民・行政・企業による三位一体の取り組みにある、と私は考えています。

まず、地元の住民の方々による地道な保全活動です。世界遺産に登録される半世紀も前、1957年に大森町文化財保存会が設立されます。何と、町民全員の参加です。こちらが原動力となって、石見銀山遺跡が保全されてきたのです。その間、高度経済成長による開発ブームやバブル経済などがありましたが、一貫して保存に力が注がれてきました。

世界遺産登録後の2007年8月には、次の「石見銀山　大森町住民憲章」を定めており、町中にも掲げています。観光客への対応も含めて、他の地域には見られない特徴です。

このまちには暮らしがあります。
私たちの暮らしがあるからこそ
世界に誇れる良いまちなのです。
　私たちは
　　このまちで暮らしながら
　　人との絆と石見銀山を
　　未来に引き継ぎます。

記

未来に向かって私たちは
一、歴史と遺跡、そして自然を守ります。
一、安心して暮らせる住みよいまちにします。
一、おだやかさと賑わいを両立させます。

写真5-1 オペラハウス大森座

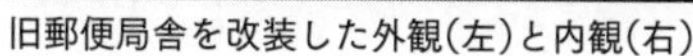

旧郵便局舎を改装した外観（左）と内観（右）　　（中村ブレイス提供）

これら住民の取り組みに対して、大きな役割を果たしたのが行政です。島根県や大田市は条例や制度、インフラを整えることで、支援してきました。

さらに、地元企業による積極的な取り組みも見逃せません。彼らは雇用および定住を促進し、町のブランド化に一役買っているだけでなく、新たな公共施設まで提供しています。具体的には、世界的な義肢装具メーカーの中村ブレイスさん、生活スタイルを提案する衣料・雑貨メーカーの石見銀山 群言堂さんは、地元の空き家（古民家）を活用して店舗にしたり、社員住宅にしたりしています。

なかでもオペラハウス大森座（写真5－1）は、世界最小のオペラハウスとして国内外で取り上げられました。これは中村ブレイスさんが旧郵便局舎を買い取って改装し、２０１４年に完成させたものです。完成後は、大田市出身の世界的なテノール歌手・田中公道（たなかこうどう）さんによる公演や、フランスの著名な音楽家が国内の若手の音楽家を指導したりするようなことも行われています。

４つの課題

仲野　では、問題や課題がまったくないのかというと、そんなことはありません。主に４点を挙げさせていただきます。

ひとつ目は、世代交代です。世界遺産の登録から15年くらい経過して、住民の方々も、行政も、企業も、世代交代を迎える時期に入っています。これまで先人たちが取り組んできたことを、次の世代にどのようにバトンタッチしていくかが大きな課題になると思います。つなぐことの難しさですね。

明るい話題としては、行政や地元企業の活動によって、大森に移り住む若い人たちが増え、大森小学校の児童数が急増したことがあります。これは、ＮＨＫの番組「子育て　ま

図5-1 石見銀山遺跡の来訪者数

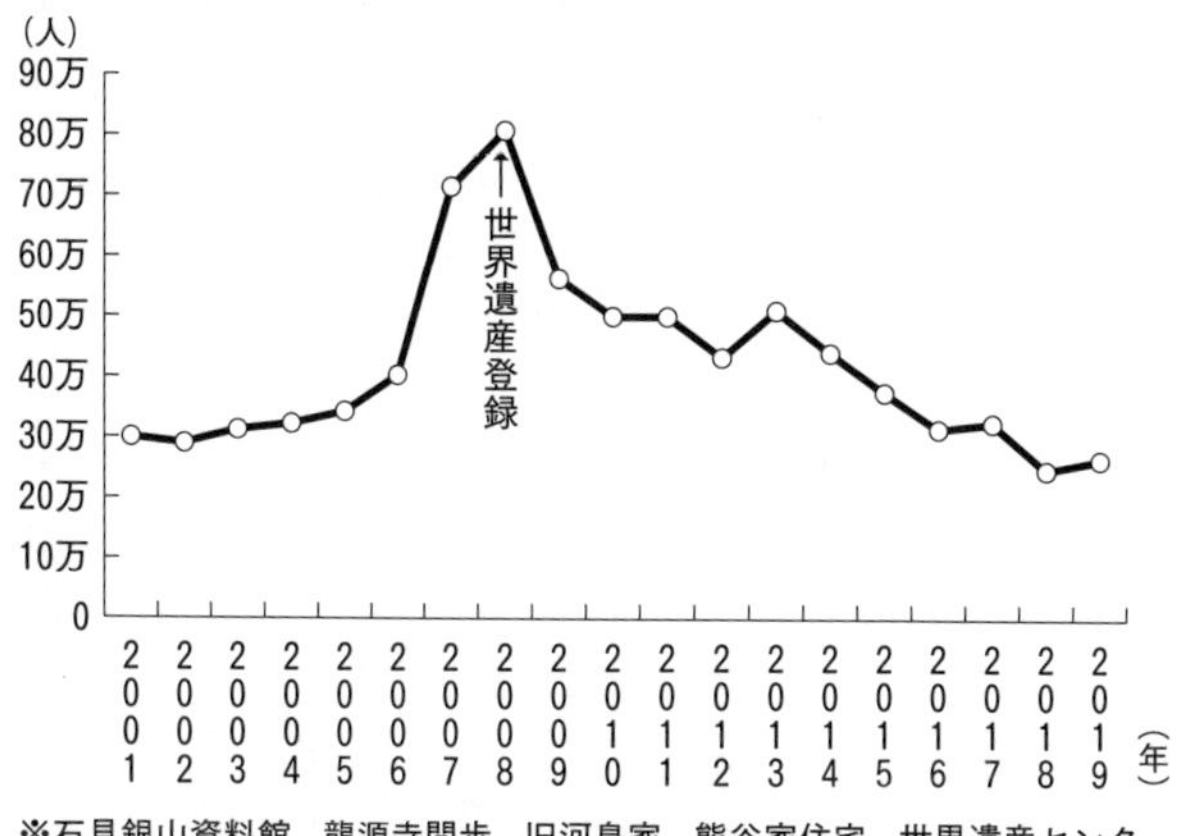

※石見銀山資料館、龍源寺間歩、旧河島家、熊谷家住宅、世界遺産センターへの来訪者数の合計

（出所：文化庁「世界遺産に関する基礎データ集」）

ち育て「石見銀山物語」として3回（春編・夏編・秋編）にも取り上げられましたから、みなさんご存じかもしれません。今後は、新しい住民と古くからの住民が、この町およびこの町で暮らす価値を共有できるかが新たなテーマになるでしょう。

2つ目は、経済の活性化です。わかりやすい数値として、観光客数（来訪者数）があります。世界遺産登録の時には年間約80万人の方に来ていただきましたが、以降は徐々に減って、2018年には約25万人にまで落ち込みました（図5－1）。さらに、近年はコロナ禍が追い打ちをかけています。

ただ地元は、実は観光客数にあまり着目していません。それよりも、観光の内容を重要視しています。というのも、観光客のみなさんから、よく「価値がわかりにくい」と言われるからです。その理由として、①産業遺跡、生産遺跡ゆえのわかりにくさ、②シンボリックな建築物や構造物がない、③遺跡の多くが地下に埋まっている、が挙げられます。

ですから今後、石見銀山をどのように見せていくかが課題となります。たとえば、産業遺産や生産遺跡としての特性をどう表現するのか、地下に埋まっているものをどのように可視化するか、などです。それを行うことで、経済の活性化につながるかもしれません。つまり、観光客数をいかに増やすかに腐心（ふしん）するのではなく、コンテンツを生かしてどのように経済を活性化させていくかが、重要なテーマになるでしょう。

3つ目は、担い手の問題です。これはかなり深刻な問題です。図5－2は大田市の人口推移（予想値も含む）ですが、大きく減少していくことが見て取れます。人口減少は大田市に限らず、日本全体の問題ですから、解決は容易ではありません。

人口減少と同じく、日本全体の問題として高齢化もあります。石見銀山遺跡周辺の高齢化率（総人口に占める65歳以上人口の割合）はすべて40%を超えており、地域によっては60

図5-2 島根県大田市の人口の推移

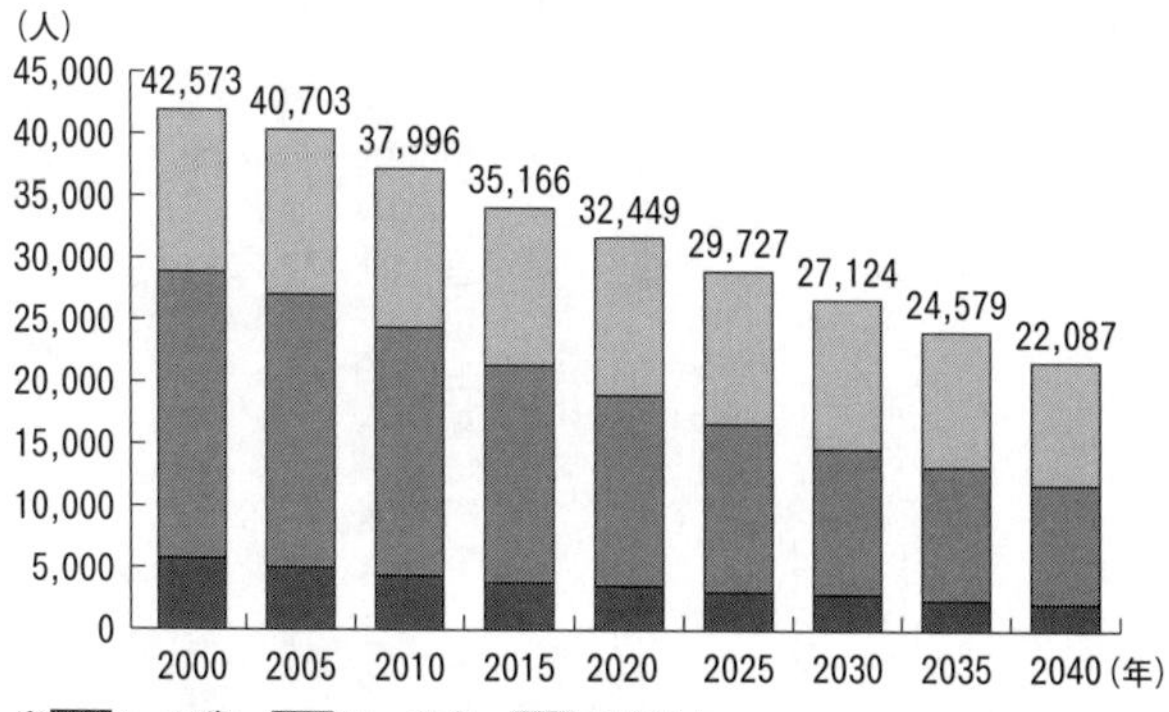

※ 0～14歳、 15～64歳、 65歳以上
※2015年以降は2013年公表「将来人口推計」の数値

(出所:GD Freak!)

%に迫るところもあります。なかには限界集落に近い場所も存在するため、これらをどのように活性化させるかが問題となっていきます。これは、集落そのものの活性化もさることながら、世界遺産を保全する担い手の確保にもかかわってきます。つまり、人手がないから朽ち果てるということにもなりかねないわけです。

4つ目は、教育です。大田市では、石見銀山が世界遺産に登録された2007年から、市内の小・中学校で「石見銀山学習」を行っています。具体的には「世界遺産石見銀山遺跡の価値、歴史、採掘や製錬の技術などの学習や、世界遺産に登録されている鉱山跡、町並み、街道などの現地学習」を行っています（石見銀山資料館編『教師のための石見銀山学習ハンドブック』）。

ここには、石見銀山基金からの資金も使われています。石見銀山基金とは「石見銀山遺跡を〝守り、伝えていく〟活動を、民間と行政の協働のもとで幅広く持続的に実施するため、島根県内外の個人・法人・団体から寄附を募り、積み立てられた」ものです（石見銀山協働会議「石見銀山基金について」）。

私も石見銀山学習にかかわっておりまして、銀山学習の一環として、子供たちと温泉津の恵珖寺（えこうじ）（島根県大田市）に訪問したこともあります。

このように、石見銀山学習は15年ほどかけて定着してきましたが、学習指導要領が大きく改訂されたなか（小学校は２０２０年度から、中学校は２０２１年度から全面実施）、石見銀山学習もこれまで通りでいいのか、と内容が問われるようになるかもしれません。

以上、４点の課題を挙げさせていただきました。

ユネスコ世界ジオパーク

伊藤　仲野先生、ありがとうございます。石見銀山の地元の活動から課題まで、とてもよくわかりました。

ユネスコが認定しているものには、世界遺産以外にユネスコ世界ジオパークがあります。現在、全国の自治体において、こちらにエントリーする活動が行われており、石橋隆先生がかかわっておられます。審査には地域活性プログラムなどもありますので、世界遺産としての石見銀山の課題に対するヒントになるかもしれません。石橋先生、ご説明のほどよろしくお願いいたします。

石橋　はい。仲野先生のほうが詳しいと思いますが、私からは簡単に触れさせていただきます。まず、ジオパークについてご説明します。ジオパークとは、一言で言えば科学的・文化的に貴重な地質遺産を含む自然公園のことです。

日本地質学会のホームページに「ジオパークでは、その地質遺産を保全し、地球科学の普及に利用し、さらに地質遺産を観光の対象とするジオツーリズムを通じて地域社会の活性化を目指します」とありますように、単に物理的に公園にするのではなく、その価値をきちんと把握して地域教育や広報活動を行い、地域経済の活性化にもつなげていくことを目的にしています。

実は、日本にはジオパークが結構多くて、日本ジオパークネットワークが認定しているもので46地域があります。このうち、9地域がユネスコ世界ジオパークに認定されています（いずれも2022年4月時点）。

続いて、ユネスコ世界ジオパークについてご説明します。これは2015年11月に195カ国の批准を経て始まった事業で、世界遺産と同様にユネスコが認定します。ただ、その知名度は世界遺産に比べて、かなり低いのが実情です。

文部科学省のホームページでは、ユネスコ世界ジオパークは「国際的に価値のある地質遺産を保護し、そうした地質遺産がもたらした自然環境や地域の文化への理解を深め、科学研究や教育、地域振興等に活用することにより、自然と人間との共生及び持続可能な開発を実現することを目的とした事業」と説明されています。

認定地域は2022年11月時点で46カ国・177地域を数え、日本国内では、前述のように9地域があります。認定順に挙げましょう。

・洞爺湖有珠山（北海道伊達市・虻田郡豊浦町・同郡洞爺湖町・有珠郡壮瞥町）
・糸魚川（新潟県糸魚川市）
・島原半島（長崎県島原市・雲仙市・南島原市）
・山陰海岸（京都府京丹後市、兵庫県豊岡市・美方郡新温泉町・同郡香美町、鳥取県鳥取市・岩美郡岩美町）
・室戸（高知県室戸市）
・隠岐（島根県隠岐郡隠岐諸島）
・阿蘇（熊本県阿蘇市・阿蘇郡南小国町・同郡小国町・同郡産山村・同郡高森町・同郡南阿蘇村・同郡西原村・上益城郡山都町）
・アポイ岳（北海道様似郡様似町）
・伊豆半島（静岡県）

島根県でも「山陰・島根ジオパーク構想」があり、そこに石見銀山を含む大田地域でもジオパークへの登録を目指す活動がなされています。もし世界ジオパークに認定されますと、島根県内にひとつの世界遺産と2つのユネスコ世界ジオパークが存在することになり、地域活性化にもつながると思います。

見せ方の難しさ

伊藤　石橋先生、ありがとうございました。仲野先生のお話のなかで、見せ方の問題が出ておりました。地形や地質だけでなく、文化的にも魅力ある地域であるにもかかわらず、それをうまく表現できない場合、どうしたらよいのでしょうか。古墳や城郭などの保存活動にもかかわられている磯田道史先生に、ご意見をうかがいたく存じます。磯田先生、いかがでしょうか。

磯田　はい。歴史遺産には、わかりやすいものと、わかりにくいものがあります。なかでも一番わかりにくいのが古戦場です。古戦場は、前もって知識があるとか、説明板がなければ、単なる野原にしか見えません。

私は静岡県浜松(はままつ)市の静岡文化芸術大学で教えていた時分に「武田信玄と徳川家康が戦っ

た三方ヶ原の戦い（現・静岡県浜松市）の古戦場を旅行客にわかるように『見える化』したい」と提案したことがあるのですが、かなり苦労しました。結局、ジオラマ「三方ヶ原合戦立体絵巻」を作ってもらって、犀ヶ崖資料館で展示したり、演劇「浜松城 家康の愛」を披露したりしました。

鉱山の場合、わかりやすさ・わかりにくさのレベルは中の下ぐらいでしょうかね。何らかの情報を加えないと、なかなか伝わらないと思います。

佐渡金山や土肥金山では、電動で動くリアルな人形を展示しており、それを見た修学旅行生が歓声を上げていたりします。これも「見える化」のひとつではあります。ただ、鉱山の場合、自然状態の鉱物が採掘や製錬され、完成品になるまでの過程を全部見せるのは、なかなか難しそうですね。学問的な説明板を掲示してあっても、小・中学生はもちろん、社会人にもスルーされかねないから、工夫をされていらっしゃると思います。

もうひとつ、石見銀山の見せ方を難しくしている理由に、歴史上の有名な人物のかかわりが見えにくいのも、あるでしょう。実は、戦国大名の毛利輝元など、毛利家と石見銀山のつながりは深いのですが、人物とのかかわりが見えると、歴史像をイメージしやすいのです。たとえば、安土城跡（現・滋賀県近江八幡市）は、近隣の博物館や資料館で出土品や復元模型を展示していますが、現地には石垣しかありません。安土城の石垣は立派なものですが、それだけでは旅行客は歴史的価値が理解しにくいようです。そこで、麓には安土城天守の最上階などの部分が復元され、織田信長の解説がなされています。ただの石垣も、織田信長が造ったものだとわかると、教科書などで顔や事績を十分に知っているので、俄然イメージが膨らんでくるようです。

石見銀山の場合、こういった著名な武将に結びつけて児童・生徒さんや旅行客に見ていただくのは難しいかもしれません。「私は大久保長安ファンだから行きたい」という人は少ないでしょうし、戦国武将ファンで毛利氏や尼子氏の史跡を見て回っている人でも、石見銀山の優先順位は低いでしょう。ですから、見せ方に相当な工夫が必要だと感じています。

地元愛より、地元の課題

磯田　仲野先生にお話しいただいた「石見銀山学習」ですが、わが町には貴重な遺産があるということを教える、それがきちんと授業のなかに組み込まれていることはすばらしいと思います。

ただ、気をつけなればならない点もあって、地元に誇りを持つことだけにフォーカスしてしまうと、見落とすことも出てきます。かつては栄えていたけれども、今は寂れている。そのことを子供に嘘偽りなく教えることも重要ですし、そのうえで、そうなった理由はなぜか、と考える機会も必要ではないでしょうか。わが町に誇りを持たせるために、地元にあるものをひたすら褒めて終わるよりも、課題もしっかり考えるのが重要です。

私が現在住んでいる京都では、伝統産業はすばらしいのですが、産業の収益性としては課題も多いのです。伝統のすばらしさだけでなく、この現実も伝えなければなりません。いっぽうで京都では、京セラやゲーム産業のようなグローバル企業も誕生していますし、その背景には、やはり地場の伝統産業があります。伝統が土台になって、世界で通用する姿にまで高める・高まるには、どうすればよいのか。これも同時に、子どもたちに伝え、考える機会を作ると、地元のことがより立体的に見えてくると思います。

仲野先生におうかがいしたいのが、建築物の保全についてです。石見銀山遺跡を見ていて、代官所や熊谷家住宅など、当時のまま保全されており、これはすごい価値だと思います。しかし古い建物は壊れ始めると、それこそ雪崩を打つように、そこかしこに修繕箇所が出てきて費用がかかります。たとえば屋根の葺き替えひとつ取っても、伝統的な方法で行うには、技術者の確保も含めて費用が嵩みます。どのように対処されているのでしょうか。

仲野　大森の町並みは、重要伝統的建造物群保存地区の選定を受けていますので、費用補助があります。具体的には「伝統的な建物の外観を復原する際には、その費用うち80%以内で８００万円を限度とし、新築や増築などの場合にも60%以内、６００万円を限度に補助」を受けることができます（大田市役所「町並み保存制度」）。

大きな問題になっているのが、寺と神社の問題です。たとえば、寺では檀家さん、神社では氏子さんが減ったり、いなくなったりして、なかなか修理できないことが少なくありません。寺社でも、指定文化財には補助金が出ますし、石見銀山基金から補助していただくこともあります。

磯田　なるほど、よくわかりました。それは京都の町屋などと比べても、はるかに恵まれた環境にありますね。安心しました。

いかにして子供たちの興味を引くか

伊藤　それでは、今度は仲野先生のほうから講演者の方々にお聞きしたいことがございましたら、せっかくの機会ですから、ご意見を賜ってはいかがでしょうか。

仲野　そうですね。私は、4つの課題のところで世代交代の話をいたしました。私などは、石見銀山が世界遺産に登録されることがいかに大変だったか、そのことを、身をもって体験しておりますが、今の人たちからしますと、すでに世界遺産であることが当然と言いますか、既知の事実になっています。ここにギャップがありまして、世代交代がなされるなか、石見銀山の価値や意義をあらためて考える・見直す時期に来ていることを感じております。

このようななかで、われわれから観光客の方々を含めて地元以外の方に、どのような働きかけをすればいいのか。世界遺産登録の際、各国の大使に石見銀山の普遍的な価値を伝えて逆転勝利をもぎ取った近藤誠一先生にお聞きしたいです。

近藤　磯田先生の「見える化」のお話にも通じますが、観光客の方々、それ以上に地元の子供たちに、どうやって興味を持たせるかが課題だと思います。

子供たち自身の体験、すなわち見る・聞くだけでなく、みずからやってみることが重要であって、そこが教育のポイントになるのではないでしょうか。とはいえ、実際に灰吹法をやってもらうわけにはいかないでしょうから、テクノロジーを利用して、バーチャル灰吹法とか、仮想空間の間歩から銀を掘り出すなど、疑似体験を提供するということもありうるでしょうね。

実体験としては、植林はどうでしょうか。当時の人たちは、環境保全のために木を伐採したあとに植林を行いましたが、それを自分たちでもやってみるわけです。手は汚れるし、虫が出てくるかもしれない。さまざまなことが起こるでしょうが、実際に山に入って、木の匂(にお)いを嗅(か)ぎ、手で触れることに価値があります。五感(ごかん)（視覚、聴覚、触覚、味覚、嗅覚）を使った体験は、年月を経ても記憶に残りますからね。

子供たちに、あまり高度な知識、特に大量の文字情報を与えても、ピンとこないでしょう。もちろん、それらはなくすのではなく、知的欲求から石見銀山に訪れる人たちに提供すればいいことです。将来を担う子供たちには、まず興味・関心を持ってもらうことが大事だと思います。

今後は「環境」がキーワードになっていきます。生命とは何か、植物の役割はどのようなものか、だからこそ石見銀山では植林を行った——。これを、知識を与えるだけにとどめるのではなく、みずからの体験を通じて覚えてもらうわけです。

あとは、子供たちに、本物の銀鉱石を持ってもらうのはどうでしょう。大きな銀鉱石に触れて、その重みを感じてもらう。色も形も、自分の目で確かめる。「写真よりきれいだなあ」「こんなに重いんだ。掘っていた人は大変だなあ」などと想像することもできますね。ちなみに私は、中村ブレイスさんの創業者である中村俊郎(なかむらとしろう)会長から銀鉱石をお借りして、写真を撮ったことがあります。

仲野　なるほど、本物に触れる機会ですね。座学だけではなく、体験してもらうことが大事であって、そのためにどのようなプログラムを作るかが、今後の重要な課題になってくると思いました。

自分で銀を作る

伊藤　近藤先生のお話のなかで「教育」という言葉が出て参りました。また、バーチャルによる体験をご提案されておりました。私は現在、大阪大学総合学術博物館で学生起業家たちと一緒に、バーチャルのプラットフォーム（Virtualion®）を開発していることもあり、バーチャル灰吹法に惹かれました。

磯田　灰吹法ですが、最近では、貴金属用の良質な電気炉もありますし、有毒ガスを分離する技術も開発されていますから、一概にできないこともなさそうな気がします。費用をかければ、できるのではないでしょうか。子供たちが、実際に銀鉱石から銀を抽出して自分で作った銀――それはもう欠片でもいいから――を持って帰ることができたら、楽しいし、良い思い出になると思います。そんな一点豪華主義的な学習体験はどうでしょうか。

伊藤　仲野先生、そのあたり、何とかなりませんでしょうか。

仲野　何とかしたいですね。長登銅山（現・山口県美祢市。7～8世紀開山、1960年閉山）では、鋳造体験ができます。たたら製鉄（砂鉄を原料、木炭を燃料として鉄を精製する日本古来の製鉄法）でしたら、各地に体験できるところがあります。銀山が弱いところは、まさにここにあります。ですから、銀の製錬・精錬体験ができるようになるとすごくいいですね。

近藤　石見銀山が世界遺産に登録された数年後、佐渡金山が世界遺産登録のアンビション(願い)を持っているということで、視察させていただいたことがあります(2022年2月に日本政府はユネスコに推薦書を提出するも、ユネスコに不備を指摘され、2023年1月に再提出)。

間歩に入ると、磯田先生も言われたように、リアルな人形が当時の服装を着て掘っている姿を見ることができました。暗いなかでこのように採掘していたのか、とよくわかりました。石見銀山も、灰吹法の説明として人形が鞴(ふいご)で吹いているところを見せて、それを子供たちも実際にやってみる。そのようなことができたら、おもしろくなるのではないでしょうか。

石見銀山マイスター

伊藤　ありがとうございます。福本理恵先生は、子供たちにたたら製鉄を伝えるコンテンツの作成にかかわられたことがございますが、地元の子供たちへの教育プログラムについて、どのように考えていますか。

福本　磯田先生が、地元に誇りを持つ教育の難しさについてお話しされておりましたけれど、日本の各地域で起こっている「文化や伝統が継承されない問題」に共通することはそこなのかな、と思っております。

文化として大事なことはわかっているけれど、オーセンティック（権威主義的）すぎたり、大事であるという規範意識を入口にすると、子供たちが感じる学びのおもしろさからはどんどん離れていってしまいます。ですから、おもしろさを優先した学びの設計が必要だと思います。私は、それを「エデュテインメント」と呼んでいます。つまり、教育のなかに、子供たちが楽しめるエンターテインメント的要素を組み込むことです。

子供たちにエデュテインメントを提供すれば、スマホやゲームのなかだけで生きている子供も、リアルの世界にこそ、本当のおもしろさがあることに気づいて、参加してくれるのではないでしょうか。もちろん、リアルの世界は複雑であり、すぐには答えが出ないこともありますが、これを解決していくことにおもしろさがあり、それはゲームよりも楽しいんだ、ということを示せる教材づくりが重要です。

今日お話しいただいた先生方の、それぞれの専門性というものが、まさにその切り口になると思っております。ただ、そのまま伝えてしまうとマニアックすぎて、子供たちはついてこられないかもしれません。ですから、専門的な要素を入れつつ、子供たちが「これはおもしろい。なぜだろう？」という「問い」を、自分事として持てるように咀嚼することも必要です。そして、さまざまな接点を置きながら、総合的に広がりを持つカリキュラムにする。幸い、石見銀山にはこの要素が豊富です。

このようなカリキュラムができると、エデュテインメントとしても高い可能性があると思いますし、実際に学びの事例が出れば、他の地域からの教育移住者が増えている傾向とも相俟って、地域が活性化して、経済的にも底上げされていくのではないでしょうか。その結果、将来的には地域に愛着を持ち、専門的な力を発揮できる人財が育っていけば、とても良い循環が生まれます。

ところで、日本では現在、高等学校の不登校生徒は約4万3０００人もいます（２０２０年度、文部科学省調べ）。彼・彼女たちは、修了や卒業などの公的な認定をされません。

なかには、学校に行かないまま、自分が好きなこと・得意なことを突き詰めて、既存の資格を取るような子供もいます。しかし、そこに辿り着けない子供たち、無為に時間を過ごしてしまっている子供たちも少なくありません。

そこで、オンラインでもバーチャルでも、おもしろさを優先した学びの「入口」を作り、それを認定制度のようにするのはいかがでしょうか。高卒認定ではなく、ドイツで行われているマイスター制度（高等職業能力資格認定制度）に倣い、「○○マイスター」などにして、公的なオーソライズ（認定）のもとに整える。これを、石見銀山発で進められたらすばらしいですね。

子供たちが行ってきたことに対して、誇りを持てるような学びに出会える機会を作り、それを、国や自治体でオーソライズされた認定として資格化する。こうなると、未来の学びの形としても希望が持てます。

伊藤　言うならば「石見銀山マイスター」ですね。

福本　はい。それが各地域で増えていけば、日本中の町ごとの個性も際立ちますし、観光資源が重層化する文化資源として未来を創る教育資源にも転換できると思います。

価値の再発見

伊藤　ありがとうございます。石見銀山の今後を考えるにあたって、教育が重要であることがよくわかりました。

みなさんのご意見もまとまりましたし、時間も大幅にオーバーしていることもございますので、本日の講演をそろそろ終えさせていただきたいと思います。それでは、閉会のご挨拶を近藤誠一先生にいただきたく、よろしくお願いいたします。

近藤　視聴者の方々、長時間にわたるご視聴をありがとうございました。講演者の方々からはご専門の立場から、石見銀山を切り口にさまざまな角度からお話しいただきました。それは「世界遺産になって良かった！」と振り返るものではなく、幅が広くて奥が深い、発展性のある内容でした。

具体的には、単に銀を掘り出して貨幣が造られたということにとどまらず、政治や行政、経済発展、文化や識字率などにも影響をおよぼし、さまざまなインターラクション（相互作用）があったことが示されました。それにより、歴史はひとつのものが単一的に影響をおよぼすのではなく、相互に連関しているという、グローバルヒストリーとしてのアプローチになりました。石見銀山を、人類の歴史のなかに位置づけることができたと思います。

教育についても、重要なアプローチがございました。私は最近、たまたま小林秀雄(こばやしひでお)の『モオツァルト』を読み直しておりました。小林は――評論や芸術には目指す目的や目的地がない。大事なことは歩き方である。いろいろ歩いた結果、到達するところがあるだけだ――と述べていました。これは目的を設定し、PDCAサイクル(Plan〔計画〕→Do〔実行〕→Check〔評価〕→Action〔改善〕)を回して、効率的・合理的・低コストで達成するという、昨今の風潮とはまったく逆ですね。

つまり、好きなことを見つけて没頭し、学びを深めているうちにどこかに辿り着く。これを、教育にも取り入れてほしいですね。最後は教育によって、子供たちにいかに「人間力」をつけてもらうかに尽きると思います。

石見銀山が世界遺産に登録されて15年ほど経ちました。その間に社会は大きく変化し、環境問題をはじめとする新たな問題が生起(せいき)しました。それらの問題に、石見銀山がレバントな（有意義な関連性がある）位置を占めていることが、講演者の方々が発表された内容によってあらためてわかり、うれしく思いました。

今後とも、それぞれのお立場から、石見銀山の価値を再発見していただくと同時に、それを社会にアピールしていただきたい。やや大げさに言えば、人類のこれからの行方を考えるうえでのひとつの素材として石見銀山を生かしていけるとすばらしいと思います。その意味で、今回のシンポジウムは大変発展性のある、かつ今の時代に合ったものだったと思います。講演者のみなさま、本当にご苦労さまでした。あらためて御礼を申し上げます。

全員　ありがとうございました。

おわりに——縁に導かれて

伊藤　謙

ここまでお読みいただいてお分かりのように、石見銀山の世界遺産への登録は、多くの先達による研究成果が基となってなされた。それらの研究および登録活動などの一部を掲載したのが本書である。ここでは、本書誕生の経緯について記したい。

私は2016年から3年間、科研費（科学研究費補助金）を取得して「石薬の本草博物学的考察に基づくマテリアルサイエンスの構築」と題する研究活動を行った。石薬とは鉱物・化石由来の生薬のことで、この用語は、私の小学生時代の化石・鉱物の師匠である故・益富壽之助博士（薬学者、鉱物学者にして益富地学会館の設立者）が広めた。

石が薬になる——。にわかには信じられないかもしれない。しかし竜骨、石膏などの生薬類は、現在も厚生労働大臣が定める「日本薬局方」に掲載され、保険が適用される。もちろん、使用頻度は西洋医学が本格的に導入された明治以降、急激に落ちた。しかし現在、無機物や微量金属の生体内における作用が徐々に解明されており、石薬の歴史的な使用例としてのマテリアルサイエンス（材料工学）研究は今後ますます重要になるだろう。

私は、石薬の使用例を探る過程で、江戸時代の石見銀山で「無名異」と呼ばれる石薬が存在したことを知った。地元の研究家・成田研一氏（島根県済生会高砂病院薬剤部）によれば、無名異は銀鉱石採掘の副産物として、江戸時代初期より幕府に献上され、明和期（１７６４～１７７２年）以降は一般に販売されたという。主成分は酸化第二鉄（Fe_2O_3）、効能については諸説あるそうだ。

２０１６年11月12日、私は成田氏のご紹介により、これらの資料を所蔵する石見銀山資料館に調査に向かった。仲野義文館長（本書第三章を執筆）から多くの資料を見せていただいたのだが、私はひとつの木箱の標本に目が釘づけになった。第四章で触れた鉱石標本である。見た瞬間、非常に重要な資料であることがわかり、「ようやく巡り会えた!!」と思った。このことは、今でも鮮明に覚えている。

私は、髙橋京子氏（大阪大学総合学術博物館招へい教授）と共に、２０１０年から史跡・森野旧薬園（奈良県宇陀市）で調査を行ってきた。森野旧薬園は現存する日本最古の私設薬園であり、1729（享保14）年に本草学者の森野通貞によって開園された。同園には本草学の書籍、腊葉（押し葉）標本、貝類標本などに交じって、古石コレクションも残されている。同コレクションこそ私の研究対象であり、益富博士は次のように述べている（ふりがなは筆者）。

> 保存状態は甚だ良好とはいえないが、とかく永い年間を経過中現品の散失、入違い、名箋の紛失等あるはいたし方がない。しかしこれだけのものが滅茶苦茶にならず、大体の原形を止めて伝えられたということは子孫の方々の祖宗に対する敬虔のもたらす所とは云え、誠に奇蹟というべきであり、また驚異といわねばならない。（中略）筆者は正倉院薬物中の石薬の研究に携って以来、遺存古石コレクションの発見に注意を払って来たが、正倉院薬物を除いて森野古石コレクション以上のものに未だめぐりあわぬのである。
>
> （土井実・池田源太・池田末則編『大宇陀町史』大宇陀町史刊行会）

つまり、益富博士が注目したのは、①ラベルなどの付帯情報の現存、②当時に近い状態での保存、の2点だ。私は、同じことを石見銀山資料館の鉱石標本に感じたのである。私はその場で、仲野館長に共同研究の依頼をし、幸いにもご快諾いただいた。そして帰りの車中で、益富地学会館研究員（当時）の石橋隆氏（第四章を執筆）に連絡をし、こちらもご了承いただいた。2週間後、石見銀山資料館を再訪すると、調査を開始した。奇しくも、翌年7月に石見銀山世界遺産登録10周年を控えており、そのタイミングでの研究成果の公表を目指した。タイトなスケジュールのなか、石見銀山に足しげく通い、調査を行った。その結果、私たちの発見を多くの報道機関が報道してくださった。

その後、世界遺産の構成要素のひとつである温泉津町にある緞帳を手がけられた織物美術家の故・龍村光峯氏の子息（龍村周氏）から、元文化庁長官の近藤誠一氏（第二章を執筆）をご紹介いただいた。

また2021年には、国際日本文化研究センター教授の磯田道史氏（第一章を執筆）との共同研究会「東アジアの Multidisciplinary Science としての本草学の再構成——実物検証を伴う文理融合研究の新展開」を主催させていただき、その一環として、2022年2

月19日、本書の基となったシンポジウム「世界遺産〝石見銀山遺跡とその文化的景観〟――歴史文化資源の探求と活用」を開催した。

このように、さまざまな「ご縁」によって、本書は誕生したのである。

石見銀山からさほど遠くない出雲大社（島根県出雲市）は「縁結びの神様」と呼ばれ、国内外から多く参拝者を集める。その主祭神は大国主命だ。実は、大国主命は石見銀山の近隣で、こちらがオリジンとさえ思える足跡を残している。伝説によれば、高麗から帰ってきた大国主命は韓島（現・島根県大田市仁摩町宅野）に上陸後、八千矛山に宮所（皇居）を定めて氏神として祀られたことから、この地を「大国」と呼ぶことになったという。この大国は、石見銀山のある大森町の隣に位置し、同地には八千矛山大国主神社（同町大国）が鎮座している。

石見銀山研究は、わが国の縁結び信仰のルーツとも言える地・大田市にて育まれたものであり、私はご神徳を感じざるを得ない。

★読者のみなさまにお願い

この本をお読みになって、どんな感想をお持ちでしょうか。祥伝社のホームページから書評をお送りいただけたら、ありがたく存じます。今後の企画の参考にさせていただきます。また、次ページの原稿用紙を切り取り、左記まで郵送していただいても結構です。

お寄せいただいた書評は、ご了解のうえ新聞・雑誌などを通じて紹介させていただくこともあります。採用の場合は、特製図書カードを差しあげます。

なお、ご記入いただいたお名前、ご住所、ご連絡先等は、書評紹介の事前了解、謝礼のお届け以外の目的で利用することはありません。また、それらの情報を6カ月を越えて保管することもありません。

〒101-8701（お手紙は郵便番号だけで届きます）
祥伝社　新書編集部
電話03（3265）2310
祥伝社ブックレビュー　www.shodensha.co.jp/bookreview

★本書の購買動機（媒体名、あるいは○をつけてください）

＿＿＿＿新聞の広告を見て	＿＿＿＿誌の広告を見て	＿＿＿＿の書評を見て	＿＿＿＿のWebを見て	書店で見かけて	知人のすすめで

★100字書評……世界を動かした日本の銀

名前

住所

年齢

職業

磯田道史　いそだ・みちふみ

1970年岡山県生まれ。慶應義塾大学大学院文学研究科博士課程修了、博士(史学)。茨城大学准教授などを経て現在、国際日本文化研究センター教授。

近藤誠一　こんどう・せいいち

1946年神奈川県生まれ。東京大学教養学部卒業。外務省入省後、ユネスコ特命全権大使、文化庁長官などを経て現在、国際ファッション専門職大学学長ほか。

伊藤 謙　いとう・けん

1978年京都府生まれ。京都大学大学院薬学研究科博士課程修了、博士(薬学)。大阪大学総合学術博物館研究支援推進員などを経て現在、同講師。

世界を動かした日本の銀

磯田道史、近藤誠一、伊藤 謙ほか

2023年5月10日　初版第1刷発行

発行者……………辻 浩明
発行所……………祥伝社しょうでんしゃ
〒101-8701　東京都千代田区神田神保町3-3
電話　03(3265)2081(販売部)
電話　03(3265)2310(編集部)
電話　03(3265)3622(業務部)
ホームページ　www.shodensha.co.jp

装丁者……………盛川和洋
印刷所……………萩原印刷
製本所……………ナショナル製本

Printed in Japan　ISBN978-4-396-11675-0　C0221

〈祥伝社新書〉
古代史

624
謎の九州王権
ヤマト王権以前に存在した巨大勢力、その栄枯盛衰を追う
日本史学者 **若井敏明**

456
古代倭王の正体 海を越えてきた覇者たちの興亡
邪馬台国の実態、そして倭国の実像と興亡を明らかにする
古代史研究家 **小林惠子**

423
天皇はいつから天皇になったか？
天皇につけられた鳥の名前、天皇家の太陽神信仰など、古代天皇の本質に迫る
元・龍谷大学教授 **平林章仁**

326
謎の古代豪族 葛城（かつらぎ）氏
天皇家と並んだ大豪族は、なぜ歴史の闇に消えたのか
平林章仁

513
蘇我氏と馬飼（うまかい）集団の謎
「馬」で解き明かす、巨大豪族の正体。その知られざる一面に光をあてる
平林章仁

〈祥伝社新書〉
古代史

510
渡来氏族の謎
秦(はた)氏、東漢(やまとのあや)氏、西文(かわちのふみ)氏、難波吉士(なにわのきし)氏など、厚いヴェールに覆われた実像を追う
歴史学者
加藤謙吉

370
神社が語る古代12氏族の正体
神社がわかれば、古代史の謎が解ける!
歴史作家
関 裕二

469
天皇諡号(しごう)が語る古代史の真相
天皇の死後に贈られた名・諡号から、神武天皇から聖武天皇に至る通史を復元
関 裕二 監修

316
古代道路の謎
奈良時代の巨大国家プロジェクト
巨大な道路はなぜ造られ、廃絶したのか。文化庁文化財調査官が解き明かす
文化庁文化財調査官
近江俊秀

535
古代史から読み解く「日本」のかたち
天孫降臨神話の謎、邪馬台国はどこにあったのか、持統天皇行幸の謎ほか
国際日本文化研究センター教授
倉本一宏
マンガ家
里中満智子

〈祥伝社新書〉
中世・近世史

527
壬申の乱と関ヶ原の戦い
「久しぶりに面白い歴史書を読んだ」磯田道史氏激賞
なぜ同じ場所で戦われたのか
東京大学史料編纂所教授 本郷和人

565
乱と変の日本史
観応の擾乱、応仁の乱、本能寺の変……この国における「勝者の条件」を探る
本郷和人

558
徳川家康の江戸プロジェクト
『家康、江戸を建てる』の直木賞作家が、四二〇年前の都市計画を解き明かす
小説家 門井慶喜

595
日本史を変えた八人の将軍
将軍が日本史におよぼした影響から、この国を支配する条件を読み解く
本郷和人
門井慶喜

658
「お金」で読む日本史
源頼朝の年収、武田信玄の軍資金……現在のお金に換算すると?
本郷和人／監修
BSフジ「この歴史、おいくら?」制作班／編